曹 莹／著

典型环境抗生素物质生态安全阈值

研究与应用

中国环境出版集团 · 北京

图书在版编目（CIP）数据

典型环境抗生素物质生态安全阈值研究与应用 / 曹莹著 .
—北京：中国环境出版集团，2022.12
ISBN 978-7-5111-5354-8

Ⅰ．①典… Ⅱ．①曹… Ⅲ．①抗菌素—环境污染—研究
Ⅳ．① X501

中国版本图书馆 CIP 数据核字（2022）第 176830 号

出 版 人　武德凯
责任编辑　李恩军
封面设计　彭　杉

出版发行　中国环境出版集团
　　　　　（100062　北京市东城区广渠门内大街 16 号）
　　　　　网　　　址：http：//www.cesp.com.cn.
　　　　　电子邮箱：bjgl@cesp.com.cn.
　　　　　联系电话：010-67112765（编辑管理部）
　　　　　　　　　　010-67112736（第五分社）
　　　　　发行热线：010-67125803，010-67113405（传真）
印　　刷　北京中科印刷有限公司
经　　销　各地新华书店
版　　次　2022 年 12 月第 1 版
印　　次　2022 年 12 月第 1 次印刷
开　　本　787×1092　1/16
印　　张　11.25
字　　数　216 千字
定　　价　45.00 元

中国环境出版集团郑重承诺：
中国环境出版集团合作的印刷单位、材料单位均具有中国环境标志产品认证。

随着人们生活需求的不断提高，广泛用于人类医疗和畜禽、水产养殖过程中的抗生素使用量日趋增加。因为人或动物往往不能将服用的抗生素完全吸收，所以导致大量的抗生素以原态和代谢物状态排入环境中造成污染。抗生素在对环境产生污染的同时，也会导致病原微生物产生耐药性，使得抗生素能杀死细菌的有效剂量不断增加。低剂量的抗生素长期排入环境中，会造成敏感菌耐药性的增强。并且，耐药基因可以在环境中扩展和演化，对生态环境及人类健康造成潜在威胁。抗生素除了能引起细菌的抗药性，对其他生物也可能产生一定的毒性。因此，加强环境介质（水体、土壤和沉积物）中抗生素的安全管控，研究建立典型环境抗生素生态环境阈值和风险评估，为我国环境抗生素指标质量基准或管理标准的建立与抗生素指标环境污染的监管工作提供了科学依据。

本书共分为5章，主要阐述了我国典型环境中抗生素物质的生态环境阈值研究和典型抗生素在我国环境中的暴露特征以及抗生素菌渣的毒性识别技术的研究成果。第1章为绪论，介绍我国抗生素使用、分类以及毒性等概况。第2章为典型环境介质中生态安全阈值推导方法，主要结合国内外相关领域研究进展，阐述适用于我国典型环境介质中抗生素的生态安全阈值技术方法。第3章为典型环境中各类抗生素生态安全阈值，主要基于目前筛选出的生态毒理数据，结合典型环境生态安全阈值方法，推导出我国环境介质中典型抗生素的生态安全阈值。第 4 章为典型环境中部分抗生素物质生态安全阈值应用，主要结合我国目前各类抗生素的环境暴露含量特征，对我国典型环境介质中各类抗生素进行生态毒性风险评估。第 5 章为典型抗生素菌渣生态毒性识别，主要针对抗生素鲜菌渣、经无害化处理后的菌渣以及资源化后的产品，采用不同抗生素类别的实际样品，开展水生生物（藻、溞、鱼、发光细菌）和陆生生物（蚯蚓）毒性评价。

本书所讲述的抗生素的生态安全阈值研究可为我国区域环境介质中抗生素污染的环境风险评估、抗生素生态基准的建立与相关监管工作提供技术支持，同时以我国抗生素菌渣污染控制、改善环境质量为目标，开展抗生素菌渣无害化处理与资源化利用技术产品的生态毒性识别，为我国抗生素菌渣有机肥的环境风险评估与安全利用提供强有力的数据和理论支撑。

感谢抗生素菌渣肥料化利用环境风险评估项目对本研究的资助，也感谢为本书相关内容提供帮助的各位朋友。

限于作者编著时间和水平，书中难免存在不妥和疏漏之处，敬请读者批评指正。

2022 年 4 月

CONTENTS **目 录**

第1章

绪 论

1.1 抗生素的起源

1928 年，英国细菌学家弗莱明在培养皿中培养细菌时发现，从空气中偶然落在培养基上的霉菌长出的菌落周围没有细菌生长，他认为这是由于霉菌在繁殖过程中产生了某些化学物质，受到这种物质的影响，细菌生长被抑制。经过进一步研究，1929 年，弗莱明从霉菌培养物的滤液中提取到了抗菌物质，这种化学物质便是最先发现的抗生素——青霉素[1]，并在后来的第二次世界大战中被广泛使用。

1942 年，首次发现链霉素的美国生物化学家和微生物学家瓦克斯曼对抗生素作出了较为明确的定义：由微生物（包括细菌、真菌、放线菌等）或高等动植物在生理过程中产生的具有抑制病原体活性的化学物质。后来人们把通过化学或生物等手段制得的同类化合物或者结构修饰物也归在其中[2]。

20 世纪 60 年代以后，科学家从微生物中寻找抗生素的脚步开始放缓，半合成抗生素开始进入人们的视线。1959 年，Batchlor 和 Sheehan 等又分别用不加前体的发酵和全合成的方法，制取了"无侧链青霉素"——6- 氨基青霉烷酸（1c）（以下简称 6-APA），这使药物化学家能任意改变其侧链结构，为此后半合成青霉素的发展开拓了广阔的道路，在短短几年内就已取得很大成就[3]。自此，半合成抗生素开始成为人们关注的焦点。

随着新的抗生素的不断发现和研究，它们在各种常见的细菌性疾病的治疗中发挥了重要的作用，并为感染性疾病的治疗提供了科学的治疗手段。但由于抗生素的广泛、过量使用和滥用，大量残余抗生素通过地表径流迁移扩散，或随市政污水管网排放进入环境中，被植物富集，又通过食物链进入动物体内，最终又被人体摄入，对人类健康造成严重危害。

1.2　抗生素的定义

抗生素是指由微生物（包括细菌、真菌、放线菌属）或高等动植物在生活过程中所产生的具有抗病原体或其他活性的一类次级代谢产物，能干扰并影响其他生活细胞正常发育的化学物质。抗生素等抗菌剂的抑菌或杀菌作用主要是针对"细菌有而人（或其他动植物）没有"的机制进行杀伤，其包含四大作用机理，即抑制细菌细胞壁合成、增强细菌细胞膜通透性、干扰细菌蛋白质合成以及抑制细菌核酸复制转录。

1.3　抗生素的作用机理

1.3.1　抗生素抑制细菌细胞壁合成

细菌细胞膜外是一层坚韧的细胞壁，能抗御菌体内强大的渗透压，具有保护和维持细菌正常形态的功能。细菌细胞壁的主要组成物质是胞壁粘肽，由 N-乙酰葡萄糖胺和与五肽相连的 N-乙酰胞壁酸反复交替连接而成，构成细菌胞壁粘肽的主要物质结构见图 1-1。青霉素等的作用靶位是胞浆膜上的青霉素结合蛋白，表现为抑制转肽酶的转肽作用，从而阻碍了交替连接。能阻碍细胞壁合成的抗生素可导致细菌细胞壁缺损。由于菌体细胞内液的渗透压升高，相同条件下不断吸入水分，致使细菌发生膨胀、变形，在自溶酶影响下，细菌最终破裂溶解而死亡。

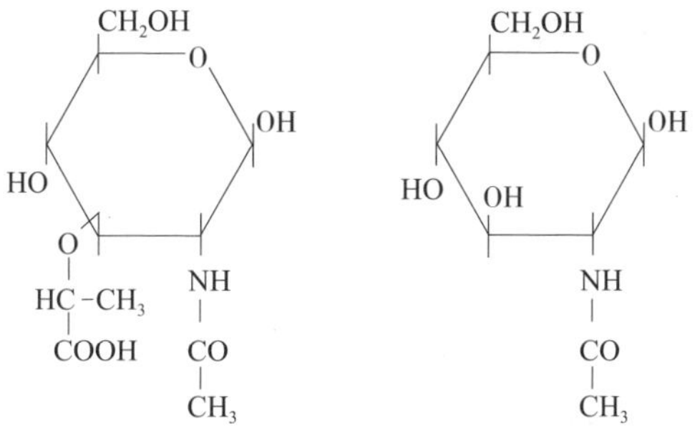

图 1-1　构成细菌胞壁粘肽的主要物质

1.3.2　增强细菌细胞膜通透性

有些抗生素与细胞的细胞膜相互作用能够影响膜的渗透性，使菌体内重要组成成分（如盐类离子、蛋白质、核酸和氨基酸等）重要物质外漏，这些物质对菌体具有重要作用，一旦遭到破坏，细胞将无法进行正常生命活动。由于细菌细胞膜与人体细胞膜基本结构有若干相似之处，因此该类抗生素对人有一定的作用，如多黏菌素和短杆菌素。

1.3.3　干扰细菌蛋白质合成

干扰蛋白质的合成意味着抗生素会影响细胞存活所必需的酶的合成。通过此种方式发挥抗菌作用的抗生素主要有大环内酯类、氨基糖苷类、四环素类、林可霉素类和氯霉素。蛋白质合成的主要场所是核糖体，核糖体由 50S 和 30S 两个亚基组成。其中，氨基糖苷类和四环素类抗生素作用于 30S 亚基，从而抑制细菌蛋白质的合成。而氯霉素、大环内酯类、林可霉素类等作用机制主要是与核糖体的 50S 亚基相结合，抑制蛋白质合成的起始反应、肽链延长过程和终止反应。

1.3.4　抑制细菌核酸复制转录

抑制核酸的转录和复制，可以抑制细菌核酸的功能，进而阻止细胞分裂和（或）所需酶的合成。以这种方式作用的抗生素包括萘啶酸、氯霉素和利福霉素等。

1.4 抗生素的分类

随着微生物学、生物化学、有机化学等学科基础理论的发展，以及科学家们对其不断地探索和研究，现已发现数以万计的抗生素，其性质和作用各不相同。

抗生素根据其产生途径，可分为天然抗生素、半合成抗生素和人工合成抗生素，见表1-1。

表1-1　抗生素的分类

抗生素	天然抗生素	黄酮类
		氨基糖苷类
	半合成抗生素	氨基糖苷类
		碳青霉烯类
		头孢菌素类
		β-内酰胺类
		大环内酯类
		四环素类
		利福霉素类
		林可酰胺类
	人工合成抗生素	磺胺类
		喹诺酮类
		呋喃类
		氯霉素类

1.4.1 天然抗生素

最初的抗生素被称为天然抗生素，都是未经人工干涉，在自然条件下微生物所产生的对其他病原微生物具有抑制或杀灭作用的一类天然化学物质，对人体基本没有伤害。

1.4.1.1 黄酮类

黄酮类化合物广泛存在于自然界的植物中，属植物次生代谢产物，是一组杂环有机化合物，是以黄酮（2- 苯基色原酮）为母核而衍生出的一类黄色色素，在植物体内大部分以与糖结合成苷类或碳糖基的形式存在，有的也以游离形式存在。黄酮类化合物按其化学结构可分成花青素类、黄酮类、二氢黄酮类、异黄酮类、黄酮醇类、黄烷 -3- 醇类等[4]，黄酮类化合物的抗菌作用包括直接抗菌、协同抗生素抗菌及抑制细菌的毒性，对革兰氏阳性菌和革兰氏阴性菌有较强的抗菌作用，因此被广泛应用于临床治疗，黄酮类化合物还能够显著提高动物的生产性能和抗病能力，改善动物机体免疫机能，因此也被用于畜牧养殖[5]。

1.4.1.2 氨基糖苷类

氨基糖苷类抗生素是由一个氨基环醇类和一个或多个氨基糖分子通过配糖键连接而成的苷类化合物，易溶于水。氨基糖苷类抗生素不仅包括天然氨基糖苷类抗生素（如链霉素、卡那霉素、庆大霉素、小诺霉素等），还包括半合成抗生素（如依替米星、阿米卡星等），这些抗生素对多种需氧的革兰氏阴性菌具有显著的抗菌效果，可有效抑制细菌的增长和繁殖。其作用机理是作用于细菌核糖体，干扰细菌蛋白质的合成，并破坏细菌细胞膜的完整性，目前是我国农业、畜牧业和水产养殖业中的常用药物之一，也常被添加到饲料中促进禽畜生长发育[6]。这些药物经口服在肠道中不太容易被吸收，有95%～97% 的口服药可在粪便中检出。口服后可用于治疗肠功能紊乱。经肌肉注射后很容易被吸收，排泄方式为主要通过肾脏排出[7]。因此，此类抗生素在禽畜养殖废水中经常被检出。

1.4.2 半合成抗生素

半合成抗生素是指以微生物合成的天然抗生素为基础，经过人为加工获

5

得的抗生素。天然抗生素具有结构不稳定、抗菌范围不广泛、副作用大等缺点，为弥补这些缺点，需要通过人工化学合成的方法对其结构进行修饰和改造，得到新的化合物。常见的半合成抗生素有碳青霉烯类抗生素、头孢菌素类抗生素、β-内酰胺类抗生素、大环内酯类抗生素、四环素类抗生素、利福霉素类抗生素、林可酰胺类抗生素等。

1.4.2.1 碳青霉烯类

碳青霉烯类抗生素是抗菌谱最广，抗菌活性最强的非典型β-内酰胺抗生素，因其具有对β-内酰胺酶稳定以及毒性低等特点，已经成为治疗严重细菌感染最主要的抗菌药物之一。其结构与青霉素类的青霉环相似，不同之处在于噻唑环上的硫原子为碳所替代，且C2与C3之间存在不饱和双键；另外，其6位羟乙基侧链为反式构象。研究证明，正是这个构型特殊的基团，使该类化合物通常与青霉烯的顺式构象显著不同，具有超广谱的、极强的抗菌活性，以及对β-内酰胺酶高度的稳定性。

1.4.2.2 头孢菌素类

头孢菌素类抗生素是广泛使用的一种抗生素。头孢菌素类分子中含有头孢烯的半合成抗生素，能与细菌某些蛋白质结合而改变细胞膜的通透性，抑制蛋白质合成，并释放自溶素，从而达到抗菌目的，是β-内酰胺类抗生素中7-氨基头孢烷酸（7-ACA）的衍生物，因此它们具有相似的杀菌机制。头孢菌素类抗生素分为第一、第二、第三、第四代，与前一代相比，每一代都比前一代具有更好的细胞渗透性、更强的抗菌活性和更低的毒性。

头孢菌素类具有广谱抗菌性，毒副作用较低，广泛用于禽畜饲养，而进入动物体内的头孢菌素类抗生素大多以母体或代谢物的形式排出，且排出后仍可能具有活性。当其进入土壤环境后会破坏土壤环境菌群，增加环境中微生物的耐药性，对人体健康和头孢菌素类抗生素治疗效果产生不利影响[8]。

1.4.2.3 β-内酰胺类

β-内酰胺类抗生素是一种种类很广的抗生素，其中包括青霉素类及其衍生物、头孢菌素、单酰胺环类、碳青霉烯类和青霉烯类酶抑制剂等。β-内酰胺类抗生素是指化学结构中具有 β- 内酰胺环的一大类抗生素，基本上所有在其分子结构中包括 β- 内酰胺核的抗生素均属于 β- 内酰胺类抗生素，它是现有的抗生素中使用最广泛的一类。各种 β- 内酰胺类抗生素的作用机制均相似，都能抑制胞壁粘肽合成酶，即青霉素结合蛋白，从而阻碍细胞壁粘肽合成，使细菌胞壁缺损，菌体膨胀裂解。

尽管 β- 内酰胺类抗生素是生产和使用都较为广泛的抗生素之一，但因其易溶于水，且水溶液在常温下不稳定和活性极易下降，所以通常在环境中检出的浓度较低[9]。虽然青霉素生产废水经处理后在受纳河水下游检出的青霉素含量较低，但却发现其中有对 β- 内酰胺类抗生素具有抗性作用的细菌，这表明尽管环境中抗生素母体浓度很低，但其排放后仍有可能导致细菌产生耐药性[10]。

1.4.2.4 大环内酯类

大环内酯类抗生素是一类分子结构中具有 12-16 碳内酯环的抗菌药物的总称，通过阻断 50S 核糖体中肽酰转移酶的活性来抑制细菌蛋白质合成，属于快速抑菌剂。通常所说的大环内酯类抗生素是指链霉菌产生的广谱抗生素，具有基本的内酯环结构，对革兰氏阳性菌和革兰氏阴性菌均有效，尤其对支原体、衣原体、军团菌、螺旋体和立克次体有较强的作用[11]。常用的大环内酯类抗生素有红霉素、克拉霉素、罗红霉素等，其中红霉素是最早被发现并应用于临床治疗细菌感染的大环内酯类抗生素。

大环内酯类抗生素的生产主要依靠发酵法，生产过程中会产生大量的抗生素菌渣和废液，这不仅带来极大的环境风险，也限制了我国抗生素工业生产的发展[12]。

1.4.2.5 四环素类

四环素类抗生素是一类广谱抗菌药物，在临床上被广泛用于多种细菌及立克次体、支原体、衣原体等所致感染性疾病的治疗，其还是一类常用的饲料添加剂，可作为生长促进剂促进机体生长。

四环素类抗生素在环境中的生态毒性主要表现在：通过影响环境中各种微生物的种群数量以及水生生物、动物、植物等高等生物的种群结构和营养方式，破坏环境中固有的食物链和生态系统的平衡；诱发产生各种耐药菌，其通过大量繁殖和传播威胁人类健康[13]；四环素类抗生素在进入环境中后会发生一系列的迁移转化，如排放到土壤环境中的四环素类抗生素会随着地表径流向地表水中扩散，或通过水体的淋溶、下渗作用污染下层土壤和地下水，对水生生物有很强的毒害作用；四环素类抗生素还能随动物粪便和污水排放进入土壤中，进而被植物吸收，并对植物的根和芽等产生生态毒性。

1.4.2.6 利福霉素类

利福霉素类抗生素是由地中海链丝菌产生的一类抗生素，它具有广谱抗菌作用，对结核杆菌、麻风杆菌、链球菌、肺炎球菌等革兰氏阳性细菌，特别是耐药性金黄色葡萄球菌的作用都很强，同时对某些革兰氏阴性菌也有效。利福霉素类药物为细菌 DNA 依赖 RNA 聚合酶（DDRP）抑制剂，通过抑制细菌 DDRP 而阻止 mRNA 合成，最终使细菌死亡[14]。

1.4.2.7 林可酰胺类

林可酰胺类抗生素是一种由链霉菌产生的具有较强抗菌性能的窄谱抗菌药物，目前临床常用的主要包括林可霉素和克林霉素，后者是由林可霉素的 C7 位羟基被氯取代并发生构型翻转形成的半合成衍生物，表现出比林可霉素更强的抗菌性[15]。林可酰胺类抗生素的作用机理是其能够与细菌核糖体上的 50S 核糖体亚基结合，组织原核转译的进行，从而使细菌死亡。

1.4.3 人工合成抗生素

人工合成抗生素是用化学合成方法人工合成的抗生素类药物，主要包括磺胺类、喹诺酮类、呋喃类和氯霉素类等。

1.4.3.1 磺胺类

磺胺类抗生素是指具有对氨基苯磺酰胺结构的一类抗生素的总称，是一类用于预防和治疗细菌感染性疾病的化学治疗药物。它通过干扰细菌的叶酸代谢而抑制细菌的生长繁殖，从而达到抗菌的目的。常见的磺胺类抗生素有磺胺嘧啶、磺胺甲噁唑、磺胺嘧啶银等。磺胺类药物是现代医学中常用的一类抗菌药物，具有抗菌谱广、可以口服、吸收较迅速、较为稳定、不易变质等优点。能干扰和抑制细菌的生长与繁殖，对许多革兰氏阳性菌和一些革兰氏阴性菌、诺卡氏菌属、衣原体属和某些原虫（如疟原虫和阿米巴原虫）均有抑制作用，用于治疗或预防细菌感染、糖尿病、高血压等[16]。环境中磺胺类抗生素污染的主要来源是生产废水、养殖废水及医疗废水。由于磺胺类抗生素具有很高的稳定性，在环境中不易降解，而人畜服用的磺胺类药物大部分未经吸收就以排泄物的形式排放到环境中，会长时间存在于土壤环境和水环境中，破坏环境中微生物和水生动植物的生态平衡，并且通过长期植物积累以及食物链的传递，富集达到较高浓度，极大地威胁着人类的健康[17]。

1.4.3.2　喹诺酮类

喹诺酮类抗生素，又称吡酮酸类或吡啶酮酸类，是人工合成的含 4- 喹诺酮基本结构的抗菌药。它的作用机理是作用于细菌的 DNA 螺旋酶，使细菌 DNA 不能形成超螺旋，造成细菌 DNA 永久性损伤，使细菌细胞停止分裂，以达到抗菌作用。喹诺酮类药物可分为四代：第一代是萘啶酸；第二代是吡哌酸；第三代是沙星类，如氧氟沙星、诺氟沙星、依诺沙星等；第四代是在前三代的结构基础上加以修饰，副作用更小，但价格较贵，代表药物有加替沙星、莫西沙星等。目前临床使用较多的为第三代喹诺酮。

喹诺酮类抗生素抗菌谱广、抗菌活性强、与其他抗微生物药之间无交叉耐药性；对多种耐药菌株有较强的敏感性；吸收快，分布广，毒副作用小，是一类人畜通用的药物，被广泛应用于水产、畜牧等养殖业的疾病预防。但由于喹诺酮类药物的广泛、过量使用，使得喹诺酮类抗生素在动物体内残留、累积，人在食用动物组织后，喹诺酮类抗生素会进一步在人体内残留，造成人体对该药物的耐药性，对人体疾病防治十分不利。

1.4.3.3　呋喃类

呋喃类（硝基呋喃类）抗生素是一类作用于细菌的酶系统，通过干扰细菌的糖代谢而产生抑菌作用的一类人工合成抗生素，常见的呋喃类药物有呋喃妥因、呋喃唑酮、呋喃西林等。呋喃类药物很早就被广泛应用于畜禽和水产等养殖动物的传染病预防和治疗，并作为饲料添加剂用于预防和治疗由沙门氏菌和埃希氏菌引起的猪、牛、家禽及蜜蜂的胃肠道疾病[18]。硝基呋喃类药物及其代谢产物具有一定毒性，可致癌、致突变。因此美国及欧盟已禁止使用硝基呋喃类药物作为动物制品添加剂在养殖中使用[19]。我国农业部于2002年公布的第193号公告《食品动物禁用的兽药及其他化合物清单》中也将硝基呋喃类列为食品动物禁用的兽药[20]。

1.4.3.4　氯霉素类

氯霉素类抗生素是人们从委内瑞拉链丝菌培养液中提取得到的，于1947年首次分离成功，然后开始用化学方法合成。氯霉素类抗生素主要包括氯霉素、甲砜霉素、氟甲砜霉素。它们可以和细菌细胞核糖体的50S亚基结合，阻断转肽酰酶的作用，抑制肽链的形成，从而阻止细菌蛋白质的合成，达到抗菌的目的。

氯霉素作为第一个人工合成的抗菌药物，抗菌谱广，抗菌效果好且价格较低，被广泛用于水产、畜牧养殖行业的疾病预防和控制。但因动物体内残留的氯霉素被人体间接摄入后对人体血液系统的毒害较大，会造成再生障碍性贫血，长期摄入还可导致视力障碍以及机体正常菌群失调，所以很多国家已将氯霉素列为违禁药物，我国也规定氯霉素在动物性食品中不得检出[21, 22]。

1.5　抗生素的环境影响

随着各类抗生素在全球环境范围内被大量检出，尤其在水环境中被发现，使得人们对抗生素的关注度持续升高。我国是抗生素生产大国和使用大国，相关数据显示，2019年我国抗生素产量为21.8万 t，占全球抗生素总产量的70%，需求量达13.1万 t，人均使用量也居世界第一。大量抗生素被用在疾病防治和牲畜饲育上，残余的抗生素通过排泄方式进入环境中，极大地增强了细菌的耐药性，严重危害人体健康。而平均每生产1 t抗生素，会产生10 t抗生素菌渣，国内每年抗生素菌渣总产量可达200多万 t。依据《国家危险废物名录》（2021 年版），抗生素菌渣属于废物类别 HW02 中代码为 271-002-02 和 276-002-02 的危险废物，应遵循危险废物处理要求进行无害化处理。若存放不当或处理不当，将导致严重后果。由于抗生素的广泛、大量使用和抗生素菌渣的储存和处理不当，我国已在制药废水、医疗废水、畜牧养殖废水等工农业废水和地表水甚至饮用水中均检测到了不同含量的抗生素残留[23]。抗生素对环境的影响主要体现在两方面：

（1）进入环境中的抗生素产生的直接毒性构成的潜在威胁。首先，有些抗生素会影响虫体的神经传导，造成寄生虫的死亡或影响其生长和繁殖，如美贝霉素等；其次，抗生素会抑制植物组织分化，扰乱其正常发育周期，从而导致细胞死亡，如卡那霉素、潮霉素等[24]；最后，某些抗生素会作用于细菌细胞的细胞壁，抑制细胞壁的合成而导致细菌细胞破裂死亡，如青霉素等，或通过与细胞膜相互作用，影响膜的渗透性导致细胞重要组成成分（如蛋白质、盐类离子等）渗出，造成细胞死亡，如多黏菌素和短杆菌素等。

（2）低水平的抗生素在环境中长期存在，使得微生物产生耐药性，促进耐药菌株的发育，造成"超级细菌"出现，对利用抗生素治疗疾病方面极为不利，甚至可能引发全球性的公共卫生安全问题[25]。

尽管经过近一个世纪的发展，抗生素在医疗卫生领域一直发挥着举足轻重的作用，并不断有新的抗生素被发现且被用于医药、养殖行业。但也随之产生了一系列的生态环境风险和人体健康风险。这就需要科学家们在下一步的工作中，不仅要研究如何发现和利用抗生素，更要将目光转移到存在于环境中的抗生素的消除上。

第一，加强抗生素的使用限制和监督管控，规范用法用量，从源头上减少抗生素的使用，改善抗生素在医疗、养殖等行业的过量、滥用现状，从而降低残余抗生素在环境中的浓度，维持微生物生态平衡，减轻环境负担。

第二，在临床应用方面，选择治疗效果好、副作用小、不易产生耐药性的抗生素，按照药物的抗菌作用特点及体内过程特点合理选择抗生素，或选用同等效果的其他药物代替抗生素类药物。

第三，提高医疗废水、养殖废水和抗生素菌渣中抗生素的去除效率，提高污水处理系统对抗生素的处理能力，优化抗生素菌渣处理处置方法，制定科学、合理、安全的抗生素"三废"排放标准。

第四，对环境中现有的抗生素进行调查、筛选和评估，用科学的方法提高抗生素降解速率，以降低细菌的耐药性，防止"超级细菌"的产生。对已经被抗生素污染的土壤和地下水采取修复措施，以减少抗生素在植物体内富集、通过食物链到人体的摄入量，降低人体健康风险。

参考文献

[1] 葛顺，贾存岭，陈新，等 . 抗感染药物临床实用手册 [M]. 郑州：郑州大学出版社，2012.

[2] 戴纪刚，张国强 . 抗生素科学发展简史 [J]. 中华医史杂志，1999，29(2): 4.

[3] 苏盛惠 . β- 内酰胺族抗菌素化学的进展 [J]. 中国医药工业杂志，1974(3).

[4] Kozlowska A, Szostak-Wegierek D. Flavonoids-food sources and health benefits[J]. Rocz Panstw Zakl Hig, 2014, 65(2): 79-85.

[5] 杨彩霞，田春莲，耿健，等 . 黄酮类化合物抗菌作用及机制的研究进展 [J]. 中国畜牧兽医，2014，41(9): 158-162.

[6] 龙朝阳，许秀敏 . 动物源性食品中氨基糖苷类抗生素兽药残留分析 [J]. 中国食品卫生杂志，2006(2): 148-152.

[7] 刘晓霞 . 动物源性食品中氨基糖苷类抗生素残留分析方法研究 [D]. 长沙：湖南师范大学，2011.

[8] 安博宇，袁园园，黄玲利，等 . 头孢菌素类药物在环境中的行为及残留研究进展 [J]. 中国抗生素杂志，2020，45(6): 551-559.

[9] 张昱，冯皓迪，唐妹，等 . β- 内酰胺类抗生素的环境行为与制药行业源头控制技术研究进展 [J]. 环境工程学报，2020，14(8): 1993-2010.

[10] DONG L, MIN Y, HU J, et al. Determination of penicillin G and its degradation products in a penicillin production wastewater treatment plant and the receiving river[J]. Water Research, 2008, 42(1-2): 307-317.

[11] MEYER M T, BUMGARNER J E, VARNS J L, et al. Use of radioimmunoassay as a screen for antibiotics in confined animal feeding operations and confirmation by liquid chromatography/mass spectrometry[J]. Science of the Total Environment, 2000, 248(2-3): 181-187.

［12］袁钰龙，刘冬梅，向荣程，等 . 大环内酯类抗生素微生物降解的研究进展 [J].
生物工程学报，2021，37(9): 3129-3141.

［13］敖蒙蒙，魏健，陈忠林，等 . 四环素类抗生素环境行为及其生态毒性研究进
展 [J]. 环境工程技术学报，2021，11(2): 314-324.

［14］罗忠枚，夏小冬，崔玉彬，等 . 利福霉素类抗生素及其构效关系研究进展 [J].
中国抗生素杂志，2012(4): 72-83.

［15］钟冠男，陈华，刘文 . 林可酰胺类抗生素的生物合成研究进展 [J]. 科学通报，
2019，64(Z1): 499-513.

［16］HIBA A, CARINE A, HAIFA A R, et al. Monitoring of twenty-two sulfonamides
in edible tissues: investigation of new metabolites and their potential toxicity[J].
Food Chem, 2016, 192: 212-227.

［17］于淼 . 养殖业中磺胺类药物残留的危害及现状 [J]. 现代畜牧科技，2015(2): 133.

［18］廖峰 . 饲料中呋喃唑酮测定方法 [J]. 中国饲料，2003(4): 29-30.

［19］王蕾 . 高效液相色谱法检测饲料中硝基呋喃类药物方法的研究 [D]. 南京：
南京农业大学，2010.

［20］农业部 . 关于发布《食品动物禁用的兽药及其它化合物清单》的通知 [N]. 中
国畜牧报，2002-04-21.

［21］李莉，郑璇，张晓岭，等 . 高效液相色谱 - 串联质谱法同时测定水体中氯霉
素类抗生素 [J]. 化学分析计量，2020，29(5): 5.

［22］李卓，董文宾，李娜，等 . 食品中氯霉素残留检测技术研究新进展 [J]. 食品工
业科技，2010(4): 408-411.

［23］史晓，卜庆伟，吴东奎，等 . 地表水中 10 种抗生素 SPE-HPLC-MS/MS 检测
方法的建立 [J]. 环境化学，2020(4): 9.

［24］吴丽爽，王晓萍 . 抗生素对水生植物小对叶外植体分化的影响 [J]. 安徽农业
科学，2008(19): 8017-8018.

［25］陈冠益，刘环博，李健，等 . 抗生素菌渣处理技术研究进展 [J]. 环境化学，
2021，40(2): 459-473.

第2章

典型环境介质中生态安全阈值推导方法

2.1 典型抗生素物质生态安全阈值毒性数据筛选

抗生素生态毒性数据是从已发表的文献和美国环境保护局（EPA）的 ECOTOX 数据库（http://cfpub.epa.gov/ecotox/）获取相关物质的水生生物、陆生生物的急性/慢性毒性数据。依据欧盟适用于现有化学物质的风险评价技术指南（TGD）中筛选数据原则，水生环境部分受试生物物种应至少涵盖生态系统的 3 个营养级（如藻类、甲壳类、鱼类）。陆生环境部分筛选出以蚯蚓为代表的慢性数据。数据的处理遵循以下原则：对于同一物种的同一条件下不同毒性终点数据，采用最敏感毒性终点的毒性数据；对于同一物种同一毒性终点的数据，采用几何平均值。原则上选择我国已有的生物物种，包括外来引进物种如虹鳟鱼等，舍弃国外物种如黑头呆鱼等。

典型抗生素物质对环境生物的毒性指标中，包含水生生物毒性、陆生生物毒性以及考虑食物链传递导致的次生毒性效应。在收集典型抗生素物质的生态毒理学数据时，分别是生物毒理学指标，包括短期/急性毒性和长期/慢性毒性。淡水水生生态系统关注的生物包括：水体基础食物链：藻、溞、鱼；底栖生物：寡毛类（水栖蚯蚓）、水生昆虫、软体动物（贝类）；水生高等植物以及作为分解者的微生物。陆地生态系统关注的生物包括陆生植物、土壤无脊椎动物（蚯蚓）、土壤微生物。

其中水生态系统关注的生物物种包括以下 10 类：藻类（单细胞低等植物，生产者）——绿藻；原生动物（最低等动物，单细胞，自养或异养）；轮虫（较小的低等多细胞动物，初级消费者）；淡水枝角类（浮游甲壳动物，初级消费者）——大型溞；淡水桡足类（浮游甲壳动物，初级消费者）；水栖寡毛类（底栖生物，初级消费者）——夹杂带丝蚓；软体动物（底栖生物，初级消费者）——贝类；水生昆虫（底栖生物，初级消费者）——摇蚊；鱼类（次级消费者）——鱼；高等水生植物（大型植物）——浮萍。

2.2 典型抗生素物质生态安全阈值推导

2.2.1 淡水环境部分

2.2.1.1 评估系数法

根据获得的试验数据，淡水水生生态系统 PNEC 的推导方法（表 2-1）主要有评估系数法和统计外推法。就物种实验室数据而言，如果可获得含有至少 8 个不同生物类别的 10 个无观测效应浓度（NOEC）（最好超过 15 个），则可以采用统计外推法（物种敏感度分步法，SSD）计算 PNEC。评估系数法是根据评价终点除以评估系数即为 PNEC，对于多个物种多项评价终点时，取最低值除以评估系数得到 PNEC。而评估系数是依据生物类别短期和长期试验数据的多少来选择，如果能够得到基础水平的 3 个营养级别每一级至少有一项短期半数致死（抑制）浓度 $L(E)C_{50}$，评估系数则选择 1 000；如果能够得到一项长期试验的 NOEC，评估系数则选择 100；如果有两个营养级别两个物种的长期 NOEC，则评估系数选择 50；如果有 3 个营养级别至少 3 个物种的长期 NOEC，则评估系数选择 10。对于通过微宇宙、野外数据或模拟生态系统得到的数据要根据实际情况确定外推系数。

表 2-1　淡水环境 $PNEC_{水}$ 推导方法

可获得的试验数据	评估系数
3 个营养级别水平每一级至少有一项短期 $L(E)C_{50}$（藻、溞、鱼）	1 000
一项长期试验的 NOEC（鱼类或藻类）	100

可获得的试验数据	评估系数
两个营养级别的两个物种的长期 NOEC	50
3 个营养级别的至少 3 个物种的长期 NOEC	10
物种敏感度分布法（SSD）	根据实际情况修正
野外数据或模拟生态系统	根据实际情况修正

2.2.1.2　物种敏感度排序法（SSR）

依据美国环境保护局推荐的物种敏感度排序法（Species Sensitivity Rank，SSR）计算四环素和土霉素的慢性基准值。将数据搜集与筛选后，计算每个物种的物种平均急性值（SMAV）和每个属的属平均急性值（GMAV），将 GMAV 从小到大进行排序，并且将其分配等级 R，最小的属平均急性值的等级为 1，最大的属平均急性值的等级为 N（N 为属的个数），对每个属平均急性值的累积概率（P），根据公式 $P=R/(N+1)$ 进行计算，选择累积概率最小的 4 个属平均急性值，用这 4 个属平均急性值和它们的累积概率计算最终急性值（FAV），急性基准（CMC）即为 FAV/2。计算公式如下：

$$S^2 = \frac{\sum (\text{lnGMAV})^2 - \left[\sum (\text{lnGMAV}) \right]^2 / 4}{\sum P - \left(\sum \sqrt{P} \right)^2 / 4} \tag{2.1}$$

$$L = \left[\sum (\text{lnGMAV}) - S \left(\sum \sqrt{P} \right) \right] / 4 \tag{2.2}$$

$$A = S\sqrt{0.05} + L \tag{2.3}$$

$$\text{FAV} = e^A \tag{2.4}$$

$$\text{CMC} = \text{FAV} / 2 \tag{2.5}$$

式中，S、L 和 A——计算中采用的符号，没有特殊含义；

GMAV——属平均急性值；

P——累积概率；

FAV——最终急性值。

若慢性数据不足，终慢性值（FCV）可采用急慢性比值法计算，慢性基准（CCC）为最终急性值（FAV）与最终急性—慢性比率（FACR）的比值。

2.2.1.3 物种敏感度分布法（SSD）

物种敏感度分布法（SSD）曲线的拟合采用荷兰公共健康与环境研究所（RIVM）开发的 ETX2.0 软件来完成，并计算 HC_5（5% 物种危害浓度，μg/L），水环境预测无效应浓度计算公式为

$$PNEC_{水} = HC_5 / AF \tag{2.6}$$

式中，$PNEC_{水}$——水环境预测无效应浓度，mg/L；

AF——评价因子，取值范围为 $1 \sim 5$，本研究中 AF 取值 5。

2.2.2 淡水沉积物部分

2.2.2.1 平衡分配法

沉积物主要是由于化学物质吸附于颗粒物后沉降作用造成的污染源。由于缺少生活于沉积物中生物的资料，因此 $PNEC_{沉积物}$ 一般采用平衡分配法进行计算。

首先进行如下假设：底泥中生活的生物与水相中生活的生物对化学物质的敏感性相同。沉积物浓度与孔隙水以及深海生物间具有热力学平衡。相关相中的浓度可以通过分配系数进行预测。沉积物 / 水分配系数可以通过检测或通过单独检测沉积物和化学物质特性后通过分配法推导得出。

根据上述假设，可以利用以下公式计算 PNEC。

$$PNEC_{沉积物} = \frac{K_{悬浮物-水}}{RHO_{悬浮物}} \times PNEC_{水} \times 1\,000 \tag{2.7}$$

$$RHO_{susp} = F_{solid_{susp}} \times RHO_{solid} + F_{water_{susp}} \times RHO_{water} \tag{2.8}$$

$$K_{susp-water} = F_{water_{susp}} + F_{solid_{susp}} \times \frac{K_{p\,susp}}{1\,000} \times RHO_{solid} \tag{2.9}$$

$$K_{p\,susp} = F_{OC_{susp}} \cdot K_{OC} \tag{2.10}$$

式中，$PNEC_{沉积物}$——沉积物环境预测无效应浓度，mg/kg；

$PNEC_{水}$——水环境预测无效应浓度，mg/L；

RHO_{susp}——悬浮物体积密度，kg/m^3；

$K_{susp-water}$——悬浮物 - 水分配系数，m^3/m^3；

$F_{water_{susp}}$——悬浮物中水的体积分数，m^3/m^3；

RHO_{solid}——固相的密度，kg/m^3；

RHO_{water}——水的密度，kg/m^3；

$F_{solid_{susp}}$——悬浮物中固体物质的体积分数，m^3/m^3；

$K_{p_{susp}}$——污染物在悬浮物中的固 - 水分配系数，L/kg；

$F_{OC_{susp}}$——悬浮物中有机碳的质量分数，kg/kg；

K_{OC}——有机碳 - 水分配系数，L/kg。

K_{OC} 值从 EPI Suite V4.10 软件获得，优先使用软件数据库中的实测值，没有实测值的，则采用软件计算值。

TGD 导则中默认环境参数见表 2-2。

表 2-2　TGD 导则中默认的环境参数

参数	符号	单位	默认值
水的密度	RHO_{water}	kg/m^3	1 000
固体的密度	RHO_{solid}	kg/m^3	2 500
悬浮物中固体物质的体积分数	$F_{solid_{susp}}$	m^3/m^3	0.1
悬浮物中水的体积分数	$F_{water_{susp}}$	m^3/m^3	0.9
悬浮物中固体物质的有机碳质量分数	$F_{OC_{susp}}$	kg/kg	0.1
沉积物中固体物质的体积分数	$F_{solid_{soild}}$	m^3/m^3	0.6
沉积物中水的体积分数	$F_{water_{soild}}$	m^3/m^3	0.2
沉积物中固体物质的有机碳质量分数	$F_{OC_{soild}}$	kg/kg	0.02

当采用平衡分配法进行计算时，无论 $K_{沉积物-水}$ 是检测值还是估计值，都应考虑经由水相的吸收以及经由沉积物的吸收。这一点对于 K_{ow} 大于 3 的化合物尤其重要。当 $logK_{ow}$ 为 3～5 时，可以采用平衡分配法进行计算。当 $logK_{ow}$ 超过 5 时，平衡分配法需要修正。

2.2.2.2　评估系数法

如果可以获得底栖生物 - 沉积物长期试验，可以通过最低 NOEC 或者 EC_{10} 除以评估系数得到 $PNEC_{沉积物}$，评估系数见表 2-3。

表 2-3　淡水沉积物 PNEC$_{沉积物}$的评估系数

可获得的试验结果	评估系数
一项长期试验（NOEC 或 EC$_{10}$）	100
代表不同食性及生活方式的物种两项长期试验（NOEC 或 EC$_{10}$）	50
代表不同食性及生活方式的物种三项长期试验（NOEC 或 EC$_{10}$）	10

根据收集到的沉积物毒性数据，采用不同的方法计算沉积物 PNEC 值。当没有毒性数据时，平衡分配法用来识别底栖生物的潜在风险，平衡分配法为筛选方法；只有急性毒性数据（至少一个），采用评估因子法（用最敏感物种的毒性数据除以 1 000）和平衡分配法；当有长期毒性数据可用时，采用评估因子法计算 PNEC$_{沉积物}$。

2.2.3　陆生环境部分

本部分仅考虑直接通过渗透水或土壤暴露对土壤中生物的效应。大部分化学物质对土壤中生物的毒性效应数据非常有限。毒性数据一般包括蚯蚓、植物的短期毒性效应试验，微生物、跳虫和蚯蚓的长期试验，但多数现有化学物质没有这类信息。缺少这类数据时，采用沉积物的平衡分配法进行评价。

进行生态毒理学试验的土壤特征如有机质、黏土成分、土壤 pH 以及土壤湿度含量等各有不同。生物对化学物质的生物利用率以及毒性效应与土壤的性质有关。这意味着来自不同土壤的试验数据不可比。一般将结果转化为标准土壤数据，有机质含量为 3.4%。非离子有机化合物假设生物吸收量由有机质含量决定。NOEC 与 L(E)C$_{50}$ 根据下面公式校正：

$$\text{NOEC或L(E)C}_{50(\text{标准})} = \text{NOEC或L(E)C}_{50(\text{试验})} \times \frac{\text{Fom}_{土壤（标准）}}{\text{Fom}_{土壤（试验）}} \qquad (2.11)$$

式中，Fom$_{土壤（标准）}$——标准土壤中有机质的比率［kg/kg］；

　　　Fom$_{土壤（试验）}$——试验土壤中的有机质比率［kg/kg］。

在推导 PNEC 时需要区分下列两种情况：

①如果无法获得土壤生物的毒理学数据，则利用平衡分配法对土壤生物的潜在风险进行评价，本方法被用作"筛选方法"。

②如果可以获得有关生产者、消费者和（或）分解者的毒性数据，则 $PNEC_{土壤}$ 利用评估系数法计算。

2.2.3.1 平衡分配法

与沉积物相同土壤的平衡分配法也假设化学物质的生物利用率以及对土壤生物的毒性仅由土壤孔隙水的浓度决定。本方法不考虑吸附于土壤颗粒的化学物质被生物摄入的效应。$PNEC_{土壤}$ 计算公式如下：

$$PNEC_{土壤} = \frac{K_{土壤-水}}{RHO_{土壤}} \times PNEC_{水} \times 1\,000 \qquad (2.12)$$

式中，$PNEC_{水}$——水中的预测无效应浓度，mg/L；

    $RHO_{土壤}$——土壤的容重，kg/m^3；

    $K_{土壤-水}$——土壤 - 水分配系数，m^3/m^3；

    $PNEC_{土壤}$——土壤的预测无效应浓度，mg/kg。

为了考虑对土壤摄入后的暴露，对于 $\log K_{ow} > 5$ 的化学物质，$PEC_{土壤}$ 需要通过评估系数 10 修正。原则上水生生物的毒性数据不能用于土壤居住生物，因为对水生生物的效应仅仅与土壤生物受到土壤孔隙水暴露时的效应相似。因此，如果通过平衡分配法计算得出的 $PEC_{土壤}/PNEC_{土壤}$ 值大于 1 时，则对土壤系统进行效应评价时必须进行土壤生物试验。

2.2.3.2 评估系数法

如果能够得到土壤中的生物毒性数据，则可以通过最低 NOEC 或者 $L(E)C_{50}$ 除以评估系数得到 $PNEC_{土壤}$，评估系数见表 2-4。

表 2-4 陆生环境 $PNEC_{土壤}$ 的评估系数

可获得的试验数据	评估系数
3 个营养级别水平每一级至少有一项短期 $L(E)C_{50}$（植物、蚯蚓或微生物）	1 000
一项长期试验的 NOEC（如植物、蚯蚓）	100
两个营养级别的两个物种的长期 NOEC	50
3 个营养级别的至少 3 个物种的长期 NOEC	10

第3章
典型环境中各类抗生素生态安全阈值

3.1 大环内酯类抗生素环境安全阈值

3.1.1 红霉素环境安全阈值

3.1.1.1 红霉素的水体预测无效应浓度（PNEC）

筛选出红霉素对水生生物的毒性数据共99个，其急性、慢性毒性数据见表3-1，生物物种类别包括水生植物（青萍、浮萍）、藻类（鱼腥藻、念珠藻、惠氏微囊藻、铜绿微囊藻、聚球藻、镰形纤维藻、近头状伪蹄形藻、月牙藻、小球藻）、甲壳类（大型溞、多刺裸腹溞、长刺溞、南美白对虾）、鱼类（青鳉鱼、斑马鱼、条纹鲈、虹鳟鱼）等。

由于红霉素的水生生物急性毒性数据量达到3门8科的最低要求，符合物种敏感度排序法（SSR）和物种敏感度分布法（SSD）的要求，因此采用SSR法和SSD法推导水体PNEC。

表3-1 红霉素的水生生物毒性数据

物种名称	拉丁名	暴露时间 /d	毒性终点	$LC_{50}/EC_{50}/$（mg/L）	NOEC/（mg/L）	$EC_{10}/$（mg/L）	文献
青萍	*Lemna gibba*	7	类胡萝卜素含量	—	—	>1	[1]
			种子数	—	—	>1	[1]
			叶绿素 b 含量	—	—	>1	[1]

物种名称	拉丁名	暴露时间 /d	毒性终点	LC$_{50}$/EC$_{50}$/（mg/L）	NOEC/（mg/L）	EC$_{10}$/（mg/L）	文献
青萍	*Lemna gibba*	7	叶绿素 a 含量	—	—	>1	[1]
			生物量	—	—	>1	[1]
			叶绿素 a 含量	>1	—	—	[1]
			叶绿素 b 含量	>1	—	—	[1]
			类胡萝卜素含量	>1	—	—	[1]
			种子数	>1	—	—	[1]
			生物量	>1	—	—	[1]
			类胡萝卜素含量	—	1	—	[1]
			种子数	—	0.3	—	[1]
			叶绿素 b 含量	—	1	—	[1]
			生物量	—	1	—	[1]
			叶绿素 a 含量	—	1	—	[1]
浮萍	*Lemna minor*	7	种群增长率	5.62	—	—	[2]
鱼腥藻	*Anabaena variabilis*	3	种群增长率	0.022	—	—	[3]
		6	种群丰度	0.43	—	—	[4]
		6	种群丰度	—	0.047	—	[4]
圆柱类鱼腥藻	*Anabaena cylindrica*	6	种群丰度	0.035	—	—	[4]
		6	种群丰度	—	0.003 1	—	[4]
水华鱼腥藻	*Anabaena flosaquae*	6	种群丰度	0.027	—	—	[4]
		6	种群丰度	—	0.047	—	[4]
念珠藻	*Nostoc* sp.	6	种群丰度	0.20	—	—	[4]
		6	种群丰度	—	0.10	—	[4]
惠氏微囊藻	*Microcystis wesenbergii*	6	种群丰度	0.023	—	—	[4]
		6	种群丰度	—	0.004 7	—	[4]
铜绿微囊藻	*Microcystis aeruginosa*	6	种群丰度	—	0.01	—	[4]
		6	种群丰度	0.023	—	—	[4]
聚球藻	*Synechococcus leopoliensis*	6	种群丰度	0.16	—	—	[4]

续表

物种名称	拉丁名	暴露时间 /d	毒性终点	$LC_{50}/EC_{50}/$（mg/L）	NOEC/（mg/L）	$EC_{10}/$（mg/L）	文献
聚球藻	*Synechococcus leopoliensis*	6	种群丰度	0.23	—	—	[4]
		6	种群丰度	—	0.0078	—	[4]
		6	种群丰度	—	0.002	—	[4]
镰形纤维藻	*Ankistrodesmus falcatus*	1	死亡率	10	—	—	[5]
近头状伪蹄形藻	*Pseudokirchneriella subcapitata*	3	种群增长率	—	—	0.036	[3]
		2	种群增长率	0.24	—	—	[6]
		2	种群增长率	0.19	—	—	[6]
		2	种群增长率	0.15	—	—	[6]
		3	种群增长率	0.35	—	—	[3]
		3	种群丰度	0.02	—	—	[3]
		3	种群增长率	0.0366	—	—	[8]
		2	种群增长率	0.013	—	—	[6]
		3	种群增长率	—	0.0103	—	[8]
		4	镁腺苷三磷酸酶	—	0.06	—	[9]
月牙藻	*Selenastrum bibraianum*	3	种群增长率	0.02	—	—	[7]
小球藻	*Chlorella vulgaris*	3	种群增长率	—	12.5	—	[8]
		1	死亡率	12	—	—	[8]
		3	种群增长率	33.8	—	—	[8]
长刺溞	*Daphnia longispina*	2	死亡率	24	—	—	[5]
多刺裸腹溞	*Moina macrocopa*	7	子代数量	—	50	—	[10]
		7	初次产子代时间	—	50	—	[10]
		7	存活	—	50	—	[10]
		2	静止	136	—	—	[10]
网纹溞	*Ceriodaphnia dubia*	1	静止	10.23	—	—	[7]
		2	丰度	0.22	—	—	[7]

23

续表

物种名称	拉丁名	暴露时间 /d	毒性终点	LC$_{50}$/EC$_{50}$/（mg/L）	NOEC/（mg/L）	EC$_{10}$/（mg/L）	文献
大型溞	*Daphnia magna*	2	静止	207.83	—	—	[10]
		1	静止	22.45	—	—	[7]
		21	体长	—	11.1	—	[10]
		21	初次产子代时间	—	33.3	—	[10]
		21	子代数量	—	11.1	—	[10]
		21	存活	—	33.3	—	[10]
南美白对虾	*Penaeus vannamei*	1	静止	29.20	—	—	[11]
		2	静止	37.70	—	—	[11]
		2	静止	22.70	—	—	[11]
		2	静止	49.80	—	—	[11]
		2	静止	＞50	—	—	[11]
		2	死亡率	＞50	—	—	[11]
		2	死亡率	85	—	—	[11]
		1	死亡率	30.80	—	—	[11]
		2	静止	—	50	—	[11]
		2	静止	—	16.90	—	[11]
		2	静止	—	4.90	—	[11]
		1	静止	—	25	—	[11]
		2	静止	—	25	—	[11]
青鳉鱼	*Oryzias latipes*	4	死亡率	1 000	—	—	[12]
		100	体重	—	1 000	—	[10]
		100	体长	—	1 000	—	[10]
		40	体长	—	100	—	[10]
		40	存活	—	100	—	[10]
		40	体重	—	100	—	[10]
		100	存活	—	100	—	[10]
		10	孵化	—	1 000	—	[10]

续表

物种名称	拉丁名	暴露时间 /d	毒性终点	LC$_{50}$/EC$_{50}$/（mg/L）	NOEC/（mg/L）	EC$_{10}$/（mg/L）	文献
青鳉鱼	*Oryzias latipes*	10	存活	—	100	—	[10]
		10	孵化	—	1 000	—	[10]
斑马鱼	*Danio rerio*	2	死亡率	≤3 669.69	—	—	[13]
		2	体长	—	366.97	—	[13]
		2	体长	—	1 223.25	—	[13]
		4	死亡率	—	1 000	—	[7]
条纹鲈	*Morone saxatilis*	4	死亡率	>665	—	—	[14]
		4	死亡率	349	—	—	[14]
虹鳟鱼	*Oncorhynchus mykiss*	2	死亡率	110	—	—	[15]
日本三角涡虫	*Dugesia japonica*	1	死亡率	>100	—	—	[16]
		2	死亡率	>100	—	—	[16]
		3	死亡率	>100	—	—	[16]
		4	死亡率	>100	—	—	[16]
丰年虫	*Thamnocephalus platyurus*	1	死亡率	17.68	—	—	[7]
		1	静止	>100	—	—	[12]
草履虫	*Paramecium caudatum*	2	死亡率	16	—	—	[5]
梨形四膜虫	*Tetrahymena pyriformis*	1	种群增长率	—	733.937 9	—	[17]

（1）物种敏感度排序法（SSR）推导红霉素水体 PNEC

红霉素的水生生物急性毒性数据筛选结果见表 3-2。按照物种敏感度对红霉素急性毒性数据排序，计算各属权数 P，选择最敏感的 4 属：南美白对虾（*Penaeus* 属，P=0.40）、丰年虫（*Thamnocephalus* 属，P=0.30）、网纹溞（*Ceriodaphnia* 属，P=0.20）和月牙藻（*Selenastrum* 属，P=0.10）数据，依据式（2.1）～式（2.5）推导出红霉素 FAV 值为 0.94 μg/L，急性 PNEC$_{水}$为 0.47 μg/L。

表 3-2　红霉素的水生生物急性毒性值

物种	毒性终点	SMAV/ （mg/L）	GMAV/ （mg/L）	数量	P	文献
青鳉鱼 *Oryzias latipes*	96 h-LC$_{50}$	1.00×10^3	1.00×10^3	9	0.90	[12]
条纹鲈 *Morone saxatilis*	96 h-LC$_{50}$	349	349	8	0.80	[14]
多刺裸腹溞 *Moina macrocopa*	48 h-EC$_{50}$	136	136	7	0.70	[10]
虹鳟鱼 *Oncorhynchus mykiss*	24 h-EC$_{50}$	110	110	6	0.60	[15]
长刺溞 *Daphnia longispina*	48 h-LC$_{50}$	24	23.2	5	0.50	[5]
大型溞 *Daphnia magna*	48 h-EC$_{50}$	22.5	23.2	5	0.50	[7]
南美白对虾 *Penaeus vannamei*	48 h-EC$_{50}$	22.7	22.7	4	0.40	[11]
丰年虫 *Thamnocephalus platyurus*	24 h-LC$_{50}$	17.7	17.7	3	0.30	[7]
网纹溞 *Ceriodaphnia dubia*	48 h-EC$_{50}$	0.22	0.22	2	0.20	[7]
月牙藻 *Selenastrum bibraianum*	72 h-EC$_{50}$	0.02	0.02	1	0.10	[7]

　　由于红霉素的慢性毒性数据量没有达到 SSR 法的最低要求，不能采用计算 FAV 的方法来推导 FCV 值，故采用 FAV 除以终急性-慢性毒性比（FACR）来求得。基于可获得的红霉素水生生物急慢性毒性数据，采用青鳉鱼（*Oryzias latipes*）[10]、多刺裸腹溞（*Moina macrocopa*）[10]、大型溞（*Daphnia magna*）[10] 和南美白对虾（*Penaeus vannamei*）[11] 4 个物种计算 FACR，详见表 3-3。得到红霉素的 FACR 值为 9.52，FCV 为 FAV/FACR，红霉素的淡水水生生物 FCV 值为 0.10 μg/L。聚球藻（*Synechococcus leopoliensis*）6d-NOEC[4] 为 2 μg/L；圆柱类鱼腥藻（*Anabaena cylindrica*）6d-NOEC[4] 为 3.1 μg/L；惠氏微囊藻（*Microcystis wesenbergii*）6d-NOEC[4] 为 4.7 μg/L；铜绿微囊藻（*Microcystis aeruginosa*）6d-NOEC[4] 为 10 μg/L；青萍（*Lemna gibba*）7d-NOEC[1] 为 300 μg/L。在比较红霉素对浮游植物及大型水生植物的毒性数据后，最终植物值（FPV）采用聚球藻（*Synechococcus leopoliensis*）6d-NOEC[4] 为 2 μg/L。由于红霉素的生物累计系数 BCF 很低，可忽略体内残留值的影响。综上所述，红霉素的慢性 PNEC$_水$ 为 0.10 μg/L。

表 3-3　红霉素的急慢性比率

物种	急性毒性值	慢性毒性值	ACR	文献
青鳉鱼 *Oryzias latipes*	1.00×10^3	1.00×10^2	10.0	[12]
多刺裸腹溞 *Moina macrocopa*	136	50.0	2.71	[10]
大型溞 *Daphnia magna*	23.2	11.1	2.09	[5]
南美白对虾 *Penaeus vannamei*	22.7	4.90	4.63	[11]

（2）物种敏感度分布法（SSD）推导红霉素水体 PNEC

本研究分别采用 EXT 2.0 风险评估软件和 ORIGIN 软件进行 SSD 模型拟合。

采用 RIVM 推荐的 EXT 2.0 风险评估软件对表 3-2 中数据进行 log-normal 型函数分布拟合，急性毒性数据拟合结果如图 3-1（a）所示，得到 HC_5=67.0 μg/L，急性 $PNEC_水$=HC_5/2=33.5 μg/L。由于慢性数据太少，所以不需要进行拟合。将 HC_5（67.0 μg/L）除以终急性－慢性毒性比得到红霉素慢性 $PNEC_水$ 为 7.04 μg/L。

采用 ORIGIN 软件对表 3-2 中数据进行 log-logistic 型函数分布拟合，急性毒性数据拟合结果如图 3-1（b）所示，得到 HC_5=115 μg/L，急性 $PNEC_水$=HC_5/2=57.5 μg/L。同样，由于慢性数据太少，不需要进行拟合。将 HC_5（115 μg/L）除以终急性－慢性毒性比得到红霉素慢性 $PNEC_水$ 为 12.1 μg/L。

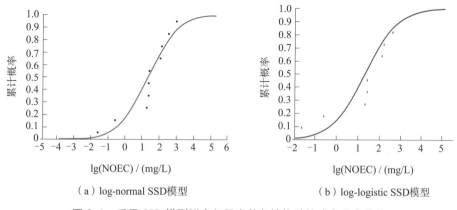

（a）log-normal SSD模型　　　　　（b）log-logistic SSD模型

图 3-1　采用 SSD 模型拟合红霉素的急性物种敏感度分布曲线

（3）两种方法推导水体 PNEC 值比对

本研究采用两种方法分别推导红霉素的水体 PNEC 值，结果发现，两种方法推导的水体 PNEC 值存在差异（表 3-4）。SSD 法推导的红霉素 PNEC 值高于 SSR 法，主要因为 SSR 法虽然计算了各物种和属的毒性数据，但最终用于计算 PNEC 值的只是累积概率接近 0.05 的 4 个属的毒性数据，这使得该方法推导的最终 PNEC 值很大程度上依赖于敏感物种的数据。SSD 法更多地依赖整体毒性数据对 PNEC 值的影响，不能考虑敏感生物的毒性数据。使用的模型不同，拟合出的物种敏感度分布曲线不同，因而得出的 PNEC 值可能也不同，所以不同区域 PNEC 值可能有特定的模型推导方法[18]。所以 SSD 法与 SSR 法推导的红霉素 PNEC 值有一定差异，甚至不是一个数量级。比较两种方法推导的水体 PNEC 值，采用 SSR 法推导的 0.10 μg/L 用于红霉素的风险评估。

表 3-4　本研究推导的红霉素 PNEC 值与文献值的比较　　　单位：μg/L

推导方法	本研究		文献	
	急性 PNEC$_水$	慢性 PNEC$_水$	急性 PNEC$_水$	慢性 PNEC$_水$
SSR	0.47	0.10	—	—
log-normal SSD	33.5	7.04	—	—
log-logistic SSD	57.5	12.1	—	—
SSDs	—	—	2.40	0.02

3.1.1.2　红霉素的沉积物预测无效应浓度（PNEC）

由于红霉素在我国典型河流沉积物的毒性数据较少，本研究采用平衡分配法计算 PNEC$_沉积物$。除 K_{OC} 以外的参数均采用 TGD 的默认值，使用 EPI Suite V4.10 软件获得红霉素的 K_{OC} 为 25.49 L/kg。依据式（2.7）～式（2.10）推算得到 PNEC$_沉积物$ 为 0.135 mg/kg（湿质量）。

3.1.1.3　红霉素的土壤预测无效应浓度（PNEC）

由于本研究仅获得一项土壤生物毒性数据，故同时采用评估因子法以及平衡分配法，选择 PNEC$_{土壤}$ 较低者用于风险表征。采用平衡分配法推导 PNEC$_{土壤}$ 时，使用 EPI Suite V4.10 软件获得红霉素 K_{OC} 为 25.49 L/kg，得到土壤中红霉素固－水分配系数 $K_{p土壤}$ 为 2.6 L/kg。RHO$_{土壤}$ 采用 TGD 默认值 1 700 kg/m^3，可以得到土壤水分配系数 $K_{土壤-水}$ 为 4.1 m^3/m^3，根据式（2.12）得到 PNEC$_{土壤}$=0.056 mg/kg（湿质量）。

采用评估因子法推导 PNEC$_{土壤}$ 时，评价因子选用 100，可得到红霉素的 PNEC$_{土壤}$ 为 0.734 mg/kg（湿质量）。

本研究红霉素 PNEC$_{土壤}$ 采用平衡分配法推导的 0.056 mg/kg（湿质量）。

红霉素陆生生物毒性数据见表 3-5。

表 3-5　红霉素陆生生物毒性数据

物种名称	拉丁名	暴露时间 /d	毒性效应	LC$_{50}$/EC$_{50}$/（μmol/L）	NOEC/（μmol/L）	文献
玉米	*Zea mays*	2	形态	—	100	[19]

3.1.2　罗红霉素环境安全阈值

3.1.2.1　罗红霉素的水体预测无效应浓度（PNEC）

共搜集罗红霉素水生生物毒性数据 17 个，包括高等植物（青萍）和藻类（近头状伪蹄形藻）。水生生物缺乏物种丰富度，如缺乏溞类和鱼类，数据量较少，不确定度较大。

由于罗红霉素毒性数据没有达到 3 门 8 科的最低要求，故采用评估系数法计算 PNEC$_水$，将相关毒性数据（NOEC）除以一个合适的评估因子。在搜集的慢性 NOEC 中，只包含了 1 个营养级别的长期试验 NOEC 值，因此评估系数选用 100。近头状伪蹄形藻 3d-NOEC 为 0.01 mg/L，是最低值，因此可以得到 PNEC$_水$=0.1 μg/L。罗红霉素的水生生物毒性数据见表 3-6。

表 3-6　罗红霉素的水生生物毒性数据

物种名称	拉丁名	暴露时间 /d	毒性效应	LC_50/EC_50/（mg/L）	NOEC/（mg/L）	EC_10/（mg/L）	文献
青萍	*Lemna gibba*	7	叶绿素 b 含量	—	—	>1	[1]
			生物量	—	—	>1	[1]
			类胡萝卜素含量	—	—	>1	[1]
			种子数	—	—	>1	[1]
			叶绿素 a 含量	—	—	>1	[1]
			类胡萝卜素含量	>1	>1	—	[1]
			叶绿素 b 含量	>1	>1	—	[1]
			生物量	>1	>1	—	[1]
			种子数	>1	>1	—	[1]
			叶绿素 a 含量	>1	>1	—	[1]
			叶绿素 b 含量	—	1	—	[1]
			生物量	—	1	—	[1]
			类胡萝卜素含量	—	1	—	[1]
			叶绿素 a 含量	—	1	—	[1]
			种子数	—	1	—	[1]
近头状伪蹄形藻	*Pseudokirchneriella subcapitata*	3	生物量	0.047	—	—	[20]
				—	0.01	—	[20]

3.1.2.2　罗红霉素的沉积物预测无效应浓度（PNEC）

由于缺少沉积物中的生物毒性数据，因此 PNEC$_{沉积物}$采用平衡分配法进行计算。除 K_{OC} 以外的参数均采用 TGD 的默认值。从 EPI Suite V4.10 软件获得罗红霉素的 K_{OC} 为 7.214 L/kg。按照式（2.7）～式（2.10）得到 PNEC$_{沉积物}$为 0.093 9 mg/kg（湿质量）。

3.1.2.3　罗红霉素的土壤预测无效应浓度（PNEC）

由于研究中尚未有罗红霉素在土壤环境中的生物毒性数据，因此采用平衡分配法计算 PNEC$_{土壤}$，使用 EPI Suite V4.10 软件获得 K_{OC} 为 7.214 L/kg，根据式（2.12）得到 PNEC$_{土壤}$=0.024 5 mg/kg（湿质量）。由于可获得的毒性数据无法使用评估系数法推算，而推导 PNEC$_{土壤}$需要同时依赖于评估系数法及平衡分配法，所以后期会对数据进行补充，完善罗红霉素 PNEC$_{土壤}$的推导。

3.1.3 克拉霉素环境安全阈值

3.1.3.1 克拉霉素的水体预测无效应浓度（PNEC）

克拉霉素在水体环境中的毒性数据包括藻类（近头状伪蹄形藻、绿藻）、溞类（网纹溞、大型溞）、鱼类（青鳉鱼、斑马鱼）及轮虫类（萼花臂尾轮虫、丰年虫）。由于克拉霉素毒性数据没有达到 3 门 8 科的最低要求，故采用评估系数法计算 PNEC$_{水}$。由于获得藻类、溞类、鱼类 3 个基础营养级的长期慢性毒性终点数据（NOEC），且最低 NOEC 值为近头状伪蹄形藻 3 d 丰度毒性终点（NOEC=0.002 mg/L），因此评估系数选用 10，得到克拉霉素的淡水 PNEC$_{水}$为 0.2 μg/L。克拉霉素的水生生物毒性见表 3-7。

表 3-7 克拉霉素的水生生物毒性数据

物种名称	拉丁名	暴露时间 /d	毒性终点	LC$_{50}$/EC$_{50}$/（mg/L）	NOEC/（mg/L）	EC$_{10}$/（mg/L）	文献
近头状伪蹄形藻	*Pseudokirchneriella subcapitata*	3	丰度	0.002	0.002	—	[7]
			生物量	0.046	0.046	—	[20]
				—	<0.04	—	[20]
绿藻	*Chlorophyta*	3	生长	0.062×10^{-3}	—	—	[20]
网纹溞	*Ceriodaphnia dubia*	1	静止	18.66	—	—	[7]
		2	丰度	8.16	—	—	[7]
大型溞	*Daphnia magna*	1	静止	25.72	—	—	[7]
		2	反应	—	10	—	[7]
青鳉鱼	*Oryzias latipes*	4	死亡率	>100	—	—	[12]
斑马鱼	*Danio rerio*	4	死亡率	—	1 000	—	[7]

物种名称	拉丁名	暴露时间 /d	毒性终点	LC$_{50}$/EC$_{50}$/（mg/L）	NOEC/（mg/L）	EC$_{10}$/（mg/L）	文献
萼花臂尾轮虫	*Brachionus calyciflorus*	2	丰度	12.21	12.21	—	[7]
		1	死亡率	35.46	35.46	—	[7]
		3	反应	30.0～52.7	—	—	[7]
丰年虫	*Thamnocephalus platyurus*	1	静止	94.23	—	—	[12]
			死亡率	33.64	—	—	[7]

3.1.3.2 克拉霉素的沉积物预测无效应浓度（PNEC）

由于缺少沉积物中的生物毒性数据，因此 PNEC$_{沉积物}$采用平衡分配法进行计算。除 K_{OC} 以外的参数均采用 TGD 的默认值。从 EPI Suite V4.10 软件获得克拉霉素的 K_{OC} 为 23.5L/kg。按照式（2.7）～式（2.10）求得克拉霉素的 PNEC$_{沉积物}$为 0.259 mg/kg（湿质量）。

3.1.3.3 克拉霉素的土壤预测无效应浓度（PNEC）

由于研究中尚未有克拉霉素在土壤环境中的生物毒性数据，因此采用平衡分配法计算 PNEC$_{土壤}$，使用 EPI Suite V4.10 软件获得 K_{OC} 为 23.5 L/kg，根据式（2.12）得到 PNEC$_{土壤}$=0.106 mg/kg（湿质量）。由于可获得的毒性数据无法使用评估系数法推算，而推导 PNEC$_{土壤}$需要同时依赖于评估系数法以及平衡分配法，所以后期会对数据进行补充，完善克拉霉素 PNEC$_{土壤}$的推导。

3.2 四环素类抗生素环境安全阈值

3.2.1 四环素环境安全阈值

3.2.1.1 四环素的水体预测无效应浓度（PNEC）

共搜集四环素毒性数据 32 个，包括高等植物浮萍、藻类（绿藻、扁藻、铜绿微囊藻、近头状伪蹄形藻）、溞类（大型溞）、鱼类（斑马鱼、稀有鮈鲫、鲫鱼）、轮虫类（浮萍棘尾虫、天蓝喇叭虫、四膜虫）以及螺类（方形环棱螺）。四环素的毒性数据量较多，且急性和慢性数据量相当（表 3-8）。

由于四环素的水生生物急性毒性数据量已达到 3 门 8 科的最低要求，符合 SSR 法和 SSD 法的要求，因此采用 SSR 法和 SSD 法推导水体 PNEC。

表 3-8 四环素的水生生物毒性数据

物种名称	拉丁名	暴露时间 /d	毒性终点	$LC_{50}/EC_{50}/$（mg/L）	NOEC/（mg/L）	EC_{10}/（mg/L）	文献
浮萍	*Lemna minor* L.	7	生长	1 g/L	—	—	[21]
绿藻	*Chlorophyta*	—	生长	2.2	—	—	[21]
		3	生长	0.002	—	0.002	[21]
扁藻	*Platymonas*	4	生长	—	3.6	—	[21]
		3	生长	13.16	—	—	[21]
		4	生长	11.18	—	—	[21]
铜绿微囊藻	*Microcystis aeruginosa*	—	生长	0.09	—	—	[21]
近头状伪蹄形藻	*Pseudokirchneriella subcapitata*	1	生长	0.69	—	—	[21]
		2	生长	0.904	—	—	[21]
		3	生长	1.316	—	—	[21]
大型溞	*Daphnia magna*	1	生长	—	—	300	[21]
		1	生长	476.543	—	—	[21]
		2	反应	617.2	—	—	[21]
		2	生长	91.155	—	—	[21]
		2	生长	90	—	—	[21]
		21	生长	—	7.072	—	[21]
		2	反应	36.56	—	—	[21]
斑马鱼	*Barchydanio rerio*	4	生长	289.56	—	—	[21]
		4	反应	406	—	—	[19]
		4	存活率	—	20	—	[22]
稀有鮈鲫	*Gobiocypris rarus*	4	生长	144.37	—	—	[21]
鲫鱼	*Carassius auratus*	4	反应	322.8	—	—	[19]
斑马鱼胚胎	*Barchydanio rerio*	4	存活率	—	—	3.16	[22]
热带爪蟾胚胎	*Xenopus laevis*	3	死亡率	—	>1 000	—	[19]

续表

物种名称	拉丁名	暴露时间 /d	毒性终点	LC$_{50}$/EC$_{50}$（mg/L）	NOEC（mg/L）	EC$_{10}$/（mg/L）	文献
浮萍棘尾虫	*Stylonyciia lemnae*	1	死亡率	171.025	—	—	[23]
			死亡率	44.486	—	—	[23]
尾草履虫	*Paramecium caudatum*	1	死亡率	52.361	—	—	[23]
			死亡率	50.246	—	—	[23]
天蓝喇叭虫	*Stentor coeruleus*	1	死亡率	199.356	—	—	[23]
			死亡率	33.778	—	—	[23]
四膜虫	*Tetrahymena*	1	生长	103.89	—	—	[24]
方形环棱螺	*Bellamya quadrata*	4	生长	226.458	—	—	[17]

（1）SSR 法推导四环素水体 PNEC

四环素的水生生物急性毒性数据筛选结果如表 3-9 所示，共获得 5 门 8 科 10 个急性毒性数据。同时获得 3 门 3 科 3 个慢性毒性数据（表 3-10）。由于慢性毒性数据没有达到 3 门 8 科的最低要求，故采用计算 FCV 的方法先推导 FAV 值。选择最敏感的 4 属：浮萍棘尾虫（*Stylonyciia* 属）、大型溞（*Daphnia* 属）、天蓝喇叭虫（*Stentor* 属）和绿藻（*Pseudokirchneriella* 属），依据式（2.1）～式（2.5）求得四环素的 FAV 为 0.532 μg/L。再采用 FAV 除以 FACR 求得 FCV 值。其中，FACR 为斑马鱼、大型溞和扁藻的急慢性比率（ACR）的几何平均值。PNEC$_{水}$为 FCV 和 FPV 两者中的最小值，在比较四环素对浮游植物及大型水生植物的毒性数据后，FPV 采用绿藻（*Chlorophyta*）3 d-NOEC（0.002 mg/L），最终得到四环素的慢性 PNEC$_{水}$值为 0.115 μg/L。

表 3-9 四环素的水生生物急性毒性值

物种	毒性终点	SMAV/（mg/L）	GMAV/（mg/L）	排序	P	文献
鲫鱼 *Carassius auratus*	96 h-EC$_{50}$	323	323	10	0.909	[19]
斑马鱼 *Barchydanio rerio*	96 h-EC$_{50}$	290	290	9	0.818	[21]
方形环棱螺 *Bellamya quadrata*	96 h-EC$_{50}$	226	226	8	0.727	[21]
稀有鮈鲫 *Gobiocypris rarus*	96 h-EC$_{50}$	144	144	7	0.636	[21]
四膜虫 *Tetrahymena*	24 h-EC$_{50}$	104	104	6	0.545	[24]

续表

物种	毒性终点	SMAV/ （mg/L）	GMAV/ （mg/L）	排序	P	文献
尾草履虫 *Paramecium caudatum*	24 h-LC$_{50}$	50.2	50.2	5	0.455	[23]
浮萍棘尾虫 *Stylonyciia lemnae*	24 h-LC$_{50}$	44.5	44.5	4	0.364	[23]
大型溞 *Daphnia magna*	48 h-EC$_{50}$	36.6	36.6	3	0.273	[19]
天蓝喇叭虫 *Stentor coeruleus*	24 h-LC$_{50}$	33.8	33.8	2	0.182	[23]
绿藻 *Pseudokirchneriella subcapitata*	72 h-EC$_{50}$	0.002	0.002	1	0.091	[21]

注：SMAV 表示种平均急性值，GMAV 表示属平均急性值。

表 3-10 四环素的最终急慢性比率（FACR）

物种	急性毒性值 / （mg/L）	慢性毒性值 / （mg/L）	FACR	文献
斑马鱼 *Barchydanio rerio*	290	20	14.5	[22]
大型溞 *Daphnia magna*	36.6	7.07	5.17	[21]
扁藻 *Platymonas*	11.2	3.60	3.11	[21]

（2）SSD 法推导四环素水体 PNEC

由于四环素慢性毒性数据不足，将表 3-9 中急性毒性数据除以 FACR 得到慢性毒性数据。利用 RIVM 推荐的 EXT 2.0 风险评估软件分析慢性毒性数据，拟合曲线如图 3-2 所示，得到 PNEC$_{水}$为 4.32 μg/L。

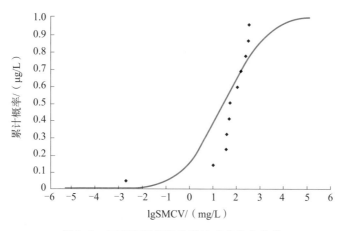

图 3-2 四环素的慢性物种敏感度分布曲线

注：SMCV 表示种平均慢性值。

3.2.1.2　四环素的沉积物预测无效应浓度（PNEC）

由于缺乏四环素的淡水沉积物毒性数据，本研究采用平衡分配法计算 PNEC$_{沉积物}$。除 K_{OC} 以外的参数均采用 TGD 的默认值。按照式（2.7）～ 式（2.10）求得四环素的 PNEC$_{沉积物}$ 为 0.423 mg/kg（湿质量）。

3.2.1.3　四环素的土壤预测无效应浓度（PNEC）

采用植物慢性毒性试验中黑麦草 10 d-NOEC 值 5 mg/kg 推导四环素 PNEC$_{土壤}$ 值，应用评价因子 100，求得 PNEC$_{土壤}$ 为 0.05 mg/kg（湿质量）。本 研究采用将试验土壤数据转化为标准土壤数据，其中标准土壤中，默认有机 质含量 3%（Fom$_{土壤（试验）}$），通过式（2.11），将 NOEC 值（5 mg/kg）转化为 标准土壤数据 NOEC（标准）为 5.67 mg/kg，得到 PNEC$_{土壤}$ 为 0.057 mg/kg （湿质量）。四环素的陆生生物毒性数据见表 3-11。

表 3-11　四环素的陆生生物毒性数据

物种名称	拉丁名	暴露时间 /d	毒性终点	LC$_{50}$/EC$_{50}$/（mg/L）	NOEC/（mg/L）	文献
黑麦草	*Lolium perenne* L	10	根长	9.846	—	［25］
			芽长	27.506	—	［25］
			发芽率	—	5	［25］

3.2.2　土霉素环境安全阈值

3.2.2.1　土霉素的水体预测无效应浓度（PNEC）

共搜集土霉素毒性数据 81 个，水生生物包括水生植物（水蕴草）、藻类 （金鱼藻、干扁藻、近头状伪蹄形藻、铜绿微囊藻、鱼腥藻、蛋白核小球藻）、 溞类（大型溞）、鱼类（条纹喇叭鱼、青鳉、日本锦鲤、虹鳟、鲤鱼、尼罗 罗非鱼、蓝斑马鱼）、轮虫类（斑点叉尾鮰、四膜虫、萼花臂尾轮虫）以及菌 类（费氏弧菌）。由于土霉素的水生生物急性毒性数据量已达到 3 门 8 科的最低要求，符合 SSR 法和 SSD 法的要求，因此采用 SSR 法和 SSD 法推导淡水 PNEC。土霉素的水生生物毒性数据见表 3-12。

表 3-12　土霉素的水生生物毒性数据

物种名称	拉丁名	暴露时间 /d	毒性终点	LC$_{50}$/EC$_{50}$/（mg/L）	NOEC/（mg/L）	文献
水蕴草	*Egeria densa*	28	体长	0.282 3	—	[26]
		28	根数量	0.403	—	[26]
		14	根数量	0.310 4	—	[26]
		42	体长	0.332 4	—	[26]
		14	体长	0.239 6	—	[26]
		14	体长	—	0.25	[26]
		14	体长	—	0.02	[26]
		42	相对生长率	—	0.02	[26]
		42	体长	—	0.25	[26]
金鱼藻	*Ceratophyllum demersum*	28	结构变化	0.297 6	—	[26]
干扁藻	*Tetraselmis suecica*	1	体长	—	2.5	[27]
近头状伪蹄形藻	*Pseudokirchneriella subcapitata*	1	光合作用	0.6	0.6	[28]
铜绿微囊藻	*Microcystis aeruginosa*	1	光合作用	5.4	5.4	[28]
			生长	0.207	—	[28]
鱼腥藻	*Anabaena*	3	生长	2.7	—	[28]
蛋白核小球藻	*Chlorella pyrenoidosa*	4	生长	0.16	—	[28]
大型潘	*Daphnia magna*	2	反应	1 000	—	[29]
		2	反应	>100	—	[29]
		1	反应	175.72	—	[29]
条纹喇叭鱼	*Latris lineata*	19	消化	—	25	[29]
		19	鳔膨胀	—	25	[29]
		10	鳔膨胀	—	25	[29]
		10	体长	—	25	[29]
		19	体长	—	25	[29]

续表

物种名称	拉丁名	暴露时间 /d	毒性终点	LC$_{50}$/EC$_{50}$/（mg/L）	NOEC/（mg/L）	文献
条纹喇叭鱼	*Latris lineata*	19	体重	—	25	[29]
		10	体重	—	25	[29]
		19	感染	—	25	[29]
青鳉	*Oryzias latipes*	100	体长	—	50	[30]
		40	体重	—	50	[30]
日本锦鲤	*Cyprinus carpio*	30	体重	—	60	[31]
		8	免疫球蛋白	—	75	[32]
		29	生物荧光	—	75	[32]
		50	免疫球蛋白	—	75	[32]
		29	免疫球蛋白	—	75	[32]
		50	体重	—	75	[32]
		8	生物荧光	—	75	[32]
		50	体长	—	75	[32]
		29	体重	—	75	[32]
		8	体重	—	75	[32]
		50	体长	—	75	[32]
虹鳟	*Oncorhynchus mykiss*	85	抗体滴度	—	75	[33]
		36	呼吸爆发活动	—	75	[33]
		28	消化	—	0.5	[33]
		14	免疫球蛋白	—	100	[33]
		28	消化	—	0.1	[33]
鲤鱼	*Cyprinus carpio*	67	免疫	—	2 000	[33]
		30.44	体重	—	2 000	[33]
尼罗罗非鱼	*Oreochromis niloticus*	84	体重	—	100	[34]
蓝斑马鱼	*Barchydanio rerio* var	2	反应	48.05	—	[34]
		4	反应	0.34	—	[34]

续表

物种名称	拉丁名	暴露时间 /d	毒性终点	LC₅₀/EC₅₀/（mg/L）	NOEC/（mg/L）	文献
欧洲鳗鲡	*Anguilla anguilla*	3	异嗜性抗体	—	20	[35]
金头鲷	*Sparus aurata*	7	呼吸爆发活性	—	8	[36]
		21	吞噬作用	—	8	[36]
		14	吞噬作用	—	8	[36]
		7	免疫球蛋白 M	—	8	[36]
		7	吞噬作用	—	8	[36]
		7	反应	—	4	[36]
		21	呼吸爆发活性	—	8	[36]
		21	免疫球蛋白 M	—	8	[36]
		14	菌斑形成细胞反应	—	8	[36]
		14	呼吸爆发活性	—	4	[36]
		21	菌斑形成细胞反应	—	8	[36]
斑点叉尾鮰	*Ictalurus punctatus*	NR	特定生长率	—	50	[37]
		NR	体重	—	3	[38]
		NR	采食量	—	50	[37]
		NR	食物转化率	—	50	[37]
		NR	采食量	—	50	[37]
		56	条件指数	—	50	[37]
		77	条件指数	—	50	[37]
		28	条件指数	—	50	[37]
萼花臂尾轮虫	*Brachionus calyciflorus* Pallas	3	反应	30.0	—	[37]
费氏弧菌	*Vibrio fischeri*	0.5	增殖	45.86	—	[37]

（1）SSR 法推导土霉素水体 PNEC

土霉素的水生生物慢性毒性数据筛选结果如表 3-13 所示。共获得 4 门 10 科 12 个慢性毒性数据，已达到 3 门 8 科的最低要求。选择最敏感的 4 个属：金头鲷（*Sparus* 属）、斑点叉尾鮰（*Ictalurus* 属）、近头状伪蹄形藻（*Pseudokirchneriella* 属）和水蕴草（*Egeria* 属），计算出土霉素的 PNEC$_水$ 为 4.93 μg/L。

表 3-13　土霉素的水生生物慢性毒性值

物种	毒性终点	SMCV/（mg/L）	GMCV/（mg/L）	排序	*P*	文献
大西洋鲑 *Salmo salar*	NOEC	3 000	3 000	12	0.923	[25]
鲤鱼 *Cyprinus carpio*	NOEC	2 000	2 000	11	0.846	[26]
尼罗罗非鱼 *Oreochromis niloticus*	NOEC	100	100	10	0.769	[27]
虹鳟 *Oncorhynchus mykiss*	NOEC	75	75	9	0.692	[28]
日本锦鲤 *Cyprinus carpio*	LOEC	60	60	8	0.615	[26]
青鳉 *Oryzias latipes*	NOEC	50	50	7	0.538	[29]
条纹喇叭鱼 *Latris lineata*	NOEC	25	25	6	0.462	[30]
欧洲鳗鲡 *Anguilla anguilla*	NOEC	20	20	5	0.385	[31]
金头鲷 *Sparus aurata*	NOEC	4	4	4	0.308	[32]
斑点叉尾鮰 *Ictalurus punctatus*	NOEC	3	3	3	0.231	[33]
近头状伪蹄形藻 *Pseudokirchneriella subcapitata*	NOEC	0.6	0.6	2	0.154	[34]
水蕴草 *Egeria densa*	NOEC	0.02	0.02	1	0.077	[35]

注：SMCV 表示种平均慢性值，GMCV 表示属平均慢性值，NOEC 表示无观察效应浓度，LOEC 表示最低观察效应浓度。

（2）SSD 法推导土霉素水体 PNEC

土霉素 SSD 曲线拟合结果如图 3-3 所示，求得 HC$_5$ 为 114 μg/L，PNEC$_水$ 为 22.8 μg/L。

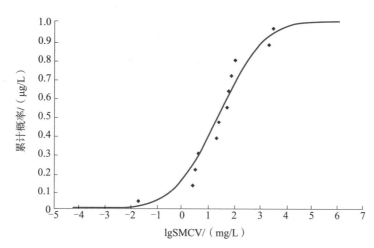

图 3-3 土霉素的慢性物种敏感度分布曲线

注：SMCV 表示种平均慢性值。

本研究采用 SSR 法和 SSD 法推导土霉素的 $PNEC_水$，选择 $PNEC_水$ 较低者用于风险表征。因此，土霉素的 $PNEC_水$ 为 4.93 μg/L。

3.2.2.2 土霉素的沉积物预测无效应浓度（PNEC）

由于缺乏土霉素的淡水沉积物毒性数据，本研究采用平衡分配法计算 $PNEC_{沉积物}$。除 K_{OC} 以外的参数均采用 TGD 的默认值。K_{OC} 值从 EPI Suite V4.10 软件获得，土霉素的 K_{OC} 为 1.24 L/kg。按照式（2.7）～式（2.10）求得土霉素的 $PNEC_{沉积物}$ 为 17.8 mg/kg（湿质量）。

3.2.2.3 土霉素的土壤预测无效应浓度（PNEC）

土霉素 $PNEC_{土壤}$ 值采用赤子爱蚯蚓 14 d-NOEC 值 2.56×10^3 mg/kg[35] 进行推导，应用评价因子 100，得到 $PNEC_{土壤}$ 为 25.6 mg/kg（湿质量）。但由于该文献试验中未报道试验土壤的有机质含量和含水率，因此本研究未对该毒性数据进行标准化处理，因此可能造成 $PNEC_{土壤}$ 值偏低。

由于本研究仅获得一项土壤生物毒性数据，故同时采用评估因子法以及平衡分配法，选择 $PNEC_{土壤}$ 较低者用于风险表征。采用平衡分配法求得土霉素的 $PNEC_{土壤}$ 为 3.16 mg/kg（湿质量）。因此，土霉素采用平衡分配法推导的 $PNEC_{土壤}$ 为 3.16 mg/kg（湿质量）。土霉素的陆生生物毒性数据见表 3-14。

表 3-14　土霉素的陆生生物毒性数据

物种名称	拉丁名	暴露时间 /d	毒性终点	NOEC/（mg/kg）	文献
赤子爱蚯蚓	*Eisenia foetida*	2	死亡率	2 560	[20]

3.2.3　金霉素环境安全阈值

3.2.3.1　金霉素的水体预测无效应浓度（PNEC）

共搜集金霉素毒性数据 31 个，包括高等植物浮萍、藻类、鱼类以及溞类。由于金霉素毒性数据没有达到 3 门 8 科的最低要求，故采用评估系数法计算 $PNEC_水$，将相关毒性数据（NOEC）除以一个合适的评估因子。在搜集的慢性 NOEC 中，包含了 2 个营养级水平的 2 项长期毒性试验的 NOEC 值（铜绿微囊藻 10 d-NOEC 0.5 mg/L 和尼罗罗非鱼 48 d-NOEC 0.012 mg/L），因此评估系数选用 50。尼罗罗非鱼 48 d-NOEC 0.012 mg/L 为最低值，因此可以得到 $PNEC_水$ 为 0.24 μg/L。金霉素的水生生物毒性数据见表 3-15。

表 3-15　金霉素的水生生物毒性数据

物种名称	拉丁名	暴露时间 /d	毒性效应	LC_{50}/EC_{50}	NOEC/（mg/L）	EC_{10}/（mg/L）	文献
膨胀浮萍	*Lemna gibba*	7	叶绿素 b 浓度	—	—	0.069	[39]
			胡萝卜素含量	—	—	0.398	[39]
			叶绿素 a 浓度	—	—	0.104	[39]
			生物的数量	—	—	0.059	[39]
			子代数量	—	—	0.036	[39]
			叶绿素 a 浓度	0.63 mg/L	—	—	[39]
			胡萝卜素含量	1.62 mg/L	—	—	[39]
			子代数量	0.318 mg/L	—	—	[39]
			叶绿素 b 浓度	0.65 mg/L	—	—	[39]
			生物的数量	0.219 mg/L	—	—	[39]
			叶绿素 a 浓度	—	0.1	—	[39]

续表

物种名称	拉丁名	暴露时间 /d	毒性效应	LC$_{50}$/EC$_{50}$	NOEC/ (mg/L)	EC$_{10}$/ (mg/L)	文献
膨胀浮萍	*Lemna gibba*	7	生物的数量	—	0.1	—	[39]
			叶绿素 b 浓度	—	0.1	—	[39]
			子代数量	—	0.03	—	[39]
			胡萝卜素含量	—	1	—	[39]
铜绿微囊藻	*Microcystis aeruginosa*	10	种群增长率	—	0.5	—	[40]
绿藻	*Chlorophyta*	3	生长	3.49 μg/L	—	—	[40]
多刺裸腹溞	*Moina macrocopa*	1	不游动	515	—	—	[41]
		2	不游动	272	—	—	[41]
大型溞	*Daphnia magna*	2	不游动	225	—	—	[41]
		2	生理学	128	—	—	[42]
		2	不游动	111.2 mg/L	—	—	[43]
		3	生理学	88 mg/L	—	—	[42]
		1	不游动	193.6 mg/L	—	—	[43]
		2	反应	137.6 mg/L	—	—	[43]
尼罗罗非鱼	*Oreochromis niloticus*	48	体重	—	0.012	—	[44]
青鳉	*Oryzias latipes*	2	死亡率	88.4 mg/L	—	—	[41]
		4	死亡率	78.9 mg/L	—	—	[41]
恶性疟原虫	*Plasmodium falciparum*	4	蛋白质合成	0.36 mg/L	—	—	[45]
		2	蛋白质合成	12.45 mg/L	—	—	[45]
四膜虫	*Tetrahymena*	1	生长	53.727 mg/L	—	—	[45]

3.2.3.2 金霉素的沉积物预测无效应浓度（PNEC）

由于缺少沉积物中的生物毒性数据，因此 PNEC$_{沉积物}$采用平衡分配法进行计算。除 K_{OC} 以外的参数均采用 TGD 的默认值。K_{OC} 值从 EPI Suite V4.10 软件获得，金霉素的 K_{OC} 为 1.771 L/kg。按照式（2.7）～式（2.10）求得金霉素的 PNEC$_{沉积物}$为 0.197 mg/kg（湿质量）。

3.2.3.3 金霉素的土壤预测无效应浓度（PNEC）

由于研究中尚未有金霉素在土壤环境中生物的有效毒性数据，因此采用平衡分配法计算 PNEC$_{土壤}$，使用 EPI Suite V4.10 软件获得 K_{OC} 为 1.771 L/kg，根据式（2.12）得到 PNEC$_{土壤}$为 0.035 7 mg/kg（湿质量）。由于可获得的毒性数据无法使用评估系数法推算，而推导 PNEC$_{土壤}$需要同时依赖于评估系数法以及平衡分配法，所以后期会对数据进行补充，完善金霉素 PNEC$_{土壤}$的推导。四环素类抗生素的 PNEC 值见表 3-16。

表 3-16　四环素类抗生素的 PNEC 值

抗生素	水体 PNEC/（μg/L）	沉积物 PNEC 值 /（mg/kg）（湿质量）	土壤 PNEC 值 /（mg/kg）（湿质量）
四环素	0.115	0.423	0.057
土霉素	4.93	17.8	3.16
金霉素	0.24	0.197	0.035 7

3.3　青霉素环境安全阈值

3.3.1　青霉素的水体预测无效应浓度（PNEC）

筛选出青霉素对水生生物的毒性数据共 47 个，其急慢性毒性数据见表 3-17，其中生物物种类别包括鱼类（斑马鱼、青鳉鱼）、甲壳类（大型溞、多刺裸腹溞）、藻类（蓝藻、绿藻），其中绿藻的数据最为丰富。

由于青霉素的水生生物毒性数据没有达到 3 门 8 科的最低要求，故采用评估系数法计算 PNEC$_{水}$。在搜集的 33 个慢性 NOEC 中，只包含了 3 个营养级别（藻、溞、鱼）的至少 1 个鱼类物种的长期 NOEC，因此评估系数选用 100。比较藻、溞、鱼 3 个营养级别的长期数据，发现蓝藻以多个不同毒性终点（如过氧化氢酶、微囊藻毒素、SOD 酶活、叶绿素等）的 NOEC 0.01 mg/L 为最低值，因此可以得到 PNEC$_{水}$为 0.1 μg/L。

表 3-17　青霉素的水生生物毒性数据

物种名称	拉丁名	暴露时间 /d	毒性终点	LC$_{50}$/EC$_{50}$/（mg/L）	NOEC/（mg/L）	文献
青鳉	*Oryzias latipes*	2	死亡率	>1 000	—	[41]
		4	死亡率	>1 000	—	[41]
斑马鱼	*Danio rerio*	5.8	死亡率	1 372.33	—	[46]
		1.8	死亡率	2 523.1	—	[46]
		0.8	死亡率	1 897.69	—	[46]
		2.8	死亡率	1 890.54	—	[46]
大型溞	*Daphnia magna*	1	不游动	>1 000	—	[41]
		2	不游动	>1 000	—	[41]
		2	生理学	>1 000	—	[41]
		1	生理学	>1 000	—	[41]
		3	生理学	>1 000	—	[41]
多刺裸腹溞	*Moina macrocopa*	1	不游动	>1 000	—	[41]
		2	不游动	>1 000	—	[41]
蓝藻	*Microcystis aeruginosa*	4	丙二醛	—	0.015	[47]
		2	超氧化物歧化酶（SOD）活性	—	0.01	[47]
		4	过氧化氢酶	—	0.01	[47]
		2	过氧化物酶活性	—	0.015	[47]
		2	微囊藻毒素	—	0.01	[47]
		4	过氧化物酶活性	—	0.01	[47]
		4	微囊藻毒素	—	0.01	[47]
		2	过氧化氢酶	—	0.01	[47]
		4	超氧化物歧化酶（SOD）活性	—	0.01	[47]
绿藻	*Pseudokirchneriella subcapitata*	3	叶绿素	—	100	[47]
南方家蚊	*Culex quinquefasciatus*	2	死亡率	127.8	—	[47]

3.3.2 青霉素的沉积物预测无效应浓度（PNEC）

由于缺少沉积物中生物毒性数据，因此青霉素 $PNEC_{沉积物}$ 采用平衡分配法进行计算。除 K_{OC} 以外的参数均采用 TGD 的默认值。青霉素的 K_{OC} 为 12.45 L/kg。按照式（2.7）～式（2.10）得到 $PNEC_{沉积物}$ 为 0.105 mg/kg（湿质量）。

3.3.3 青霉素的土壤预测无效应浓度（PNEC）

由于没有搜集到土壤中青霉素的生物毒性数据，因此采用平衡分配法推导 $PNEC_{土壤}$，使用 EPI Suite V4.10 软件获得 K_{OC} 为 12.45 L/kg，根据式（2.12）得到 $PNEC_{土壤}$ 为 0.034 mg/kg（湿质量）。由于未获得毒性数据，所以无法使用评估系数法推算，而推导 $PNEC_{土壤}$ 需要同时依赖于评估系数法以及平衡分配法，所以后期会对数据进行补充，完善青霉素 $PNEC_{土壤}$ 的推导。

3.4 头孢类抗生素环境安全阈值

3.4.1 头孢噻肟环境安全阈值

3.4.1.1 头孢噻肟的水体预测无效应浓度（PNEC）

共搜集头孢噻肟毒性数据 15 个，9 个水生毒性数据仅有斑马鱼一种水生生物，6 个陆生毒性数据仅有胡桃 1 种植物。

采用评估系数法推导 $PNEC_{水}$，在搜集的 9 个慢性 NOEC 中，仅包含 1 个鱼类物种的长期 NOEL，NOEC=45.55 mg/L 为最低值，因此评估系数选用 100，得到 $PNEC_{水}$ 为 455.5 μg/L。头孢噻肟的水生生物毒性数据见表 3-18。

表 3-18　头孢噻肟的水生生物毒性数据

物种名称	拉丁名	暴露时间 /d	毒性终点	LC$_{50}$/EC$_{50}$/（mg/L）	LOEL/NOEC/（mg/L）	文献
斑马鱼	*Danio rerio*	4	死亡率	>100	—	[48]
		4	死亡率	>100	—	[48]
		5	死亡率	>45.55	—	[49]
		5	死亡率	221.35	—	[49]
		5	死亡率	>455.46	—	[49]
		5	发育	—	455.46	[49]
		5	发育	—	>455.46	[49]
		5	发育	—	>45.546	[49]
		5	发育	—	45.55	[49]

3.4.1.2　头孢噻肟的沉积物预测无效应浓度（PNEC）

由于缺少沉积物中的生物毒性数据，因此头孢噻肟 PNEC$_{沉积物}$采用平衡分配法进行计算。除 K_{OC} 以外的参数均采用 TGD 的默认值。头孢噻肟的 K_{OC} 为 0.01 L/kg。按照式（2.7）～式（2.10）得到 PNEC$_{沉积物}$为 36.01 mg/kg（湿质量）。

3.4.1.3　头孢噻肟的土壤预测无效应浓度（PNEC）

头孢噻肟 PNEC$_{土壤}$值采用胡桃 28d-NOEC 值 250 mg/kg 进行推导，应用评价因子 100，得到 PNEC$_{土壤}$为 2.5 mg/kg（湿质量）。但由于该文献试验中未报道试验土壤的有机质含量和含水率，因此本研究未对该毒性数据进行标准化处理，因此可能造成 PNEC$_{土壤}$值偏低。

由于本研究仅获得一项土壤生物毒性数据，故同时采用评估因子法以及平衡分配法，选择 PNEC$_{土壤}$较低者进行风险表征。采用平衡分配法推导头孢噻肟 PNEC$_{土壤}$时，使用 EPI Suite V4.10 软件获得 K_{OC} 为 0.01 L/kg，根据式（2.12）得到 PNEC$_{土壤}$=5.42 mg/kg（湿质量）。

因此，头孢噻肟采用评估因子法推导的 PNEC$_{土壤}$为 2.5 mg/kg（湿质量）。

头孢噻肟的陆生生物毒性数据见表 3-19。

表 3-19　头孢噻肟的陆生生物毒性数据

物种名称	拉丁名	暴露时间 /d	毒性终点	NOEC/（mg/kg）	文献
胡桃	*Juglans regia*	28	生殖	500	[50]
		28	生殖	500	[50]
		28	生殖	250	[50]
		90	遗传学	500	[50]
		30	免疫学	500	[50]
		90	生殖	500	[50]

3.4.2　头孢唑啉环境安全阈值

3.4.2.1　头孢唑啉的水体预测无效应浓度（PNEC）

共搜集头孢唑啉的 3 个水生生物毒性数据，包括藻类（月牙藻）和鱼类（虹鳟）两个物种。

采用评估系数法计算 $PNEC_水$。在搜集的 3 个毒性数据中，包含了 1 个藻类和 1 个鱼类的长期 NOEC，NOEC=1 000 mg/L 为最低值，因此评估系数选用 50，可以得到 $PNEC_水$=2.0 × 10^4 μg/L。头孢唑啉的水生生物毒性数据见表 3-20。

表 3-20　头孢唑啉的水生生物毒性数据

物种名称	拉丁名	暴露时间 /d	毒性终点	EC_{50}/（mg/L）	NOEC/（mg/L）	文献
月牙藻	*Selenastrum bibraianum*	3	生长	>1 000	—	[8]
		3	生长	—	1 000	[8]
虹鳟	*Oncorhynchus mykiss*	4	喂食行为	—	100 000	[51]

3.4.2.2　头孢唑啉的沉积物预测无效应浓度（PNEC）

由于缺少沉积物中的生物毒性数据，因此头孢唑啉 $PNEC_{沉积物}$采用平衡分配法进行计算。除 K_{OC}以外的参数均采用 TGD 的默认值。头孢唑啉的

K_{OC} 为 1.71 L/kg。按照式（2.7）～式（2.10）得到 PNEC$_{沉积物}$为 819.78 mg/kg（湿质量）。

3.4.2.3 头孢唑啉的土壤预测无效应浓度（PNEC）

由于没有搜集到土壤中头孢唑啉生物毒性数据，因此推导 PNEC$_{土壤}$需要采用平衡分配法计算，使用 EPI Suite V4.10 软件获得 K_{OC} 为 1.71 L/kg，根据式（2.12）得到 PNEC$_{土壤}$为 147.82 mg/kg（湿质量）。由于未获得毒性数据，所以无法使用评估系数法推算，而推导 PNEC$_{土壤}$需要同时依赖于评估系数法以及平衡分配法，所以后期会对数据进行补充，完善头孢唑啉 PNEC$_{土壤}$的推导。

3.5 氨基糖苷类环境安全阈值

3.5.1 硫酸链霉素环境安全阈值

3.5.1.1 硫酸链霉素的水体预测无效应浓度（PNEC）

共搜集硫酸链霉素毒性数据 28 个，包括藻类、鱼类和轮虫类；水生生物中藻类毒性数据比较丰富，急性数据和慢性数据相当，但缺乏物种丰富度。

由于硫酸链霉素的水生生物毒性数据没有达到 3 门 8 科的最低要求，故采用评估系数法计算 PNEC$_{水}$。在搜集的慢性 NOEC 中，包含了两个营养级别的两个物种的长期 NOEC，因此评估系数选用 50。比较溞类、鱼类 2 个营养级别的长期数据，发现金鱼 0.125d-NOEC= 0.05 mg/L 为最低值，因此可以得到 PNEC$_{水}$为 1 μg/L。硫酸链霉素的水生生物毒性数据见表 3-21。

表 3-21　硫酸链霉素的水生生物毒性数据

物种名称	拉丁名	暴露时间 /d	毒性效应	LC$_{50}$/EC$_{50}$/（mg/L）	NOEC/（mg/L）	EC$_{10}$/（mg/L）	文献
铜绿微囊藻	*Microcystis aeruginosa*	1	光合作用	0.034	—	—	[28]
		7	叶绿素	0.007	—	—	[52]
羊角月牙藻	*Pseudokirchneriella subcapitata*	3	叶绿素	0.133	—	—	[52]
		1	光合作用	1.5	—	—	[28]

续表

物种名称	拉丁名	暴露时间 /d	毒性效应	LC$_{50}$/EC$_{50}$/（mg/L）	NOEC/（mg/L）	EC$_{10}$/（mg/L）	文献
蛋白核小球藻	*Chlorella pyrenoidosa*	1	生长	2.61	—	—	[52]
		2	生长	3.67	—	—	[52]
		3	生长	4.28	—	—	[52]
		4	生长	4.68	—	—	[52]
大型溞	*Daphnia magna*	2	不游动	—	—	120	[53]
		1	不游动	—	—	408	[53]
		1	生理学	650	—	—	[54]
		2	生理学	363	—	—	[54]
		2	不游动	487	—	—	[53]
		1	不游动	947	—	—	[53]
		3	生理学	110	—	—	[54]
		21	子代数量	—	32	—	[53]
金鱼	*Carassius auratus*	0.125	听觉阈值	—	0.05	—	[55]
青铜蛙	*Lithobates clamitans ssp. clamitans*	2	死亡率	1 300	—	—	[56]
海胆	*Arbacia lixula*	3	畸形	—	—	3.9	[57]
		3	畸形	—	200		[57]
普通海胆	*Paracentrotus lividus*	2	畸形	—	—	29.8	[57]
褶皱臂尾轮虫	*Brachionus plicatilis*	12	寿命	—	22.4	—	[58]
		12	子代数量	—	22.4	—	[58]
萼花臂尾轮虫	*Brachionus calyciflorus*	12	寿命	—	<5.6	—	[58]
		12	子代数量	—	<5.6	—	[58]
企鹅珍珠贝	*Pteria penguin*	1	存活	—	5	—	[59]
		1	正常	—	5	—	[59]
扇砗磲	*Tridacna derasa*	2	存活	—	50	—	[60]

3.5.1.2 硫酸链霉素的沉积物预测无效应浓度（PNEC）

由于缺少沉积物中生物毒性数据，因此硫酸链霉素 PNEC$_{沉积物}$采用平衡分配法进行计算。除 K_{OC} 以外的参数均采用 TGD 的默认值。硫酸链霉素的 K_{OC} 为 0.893 7 L/kg。按照式（2.7）～式（2.10）得到 PNEC$_{沉积物}$ 为 0.802 mg/kg（湿质量）。

3.5.1.3 硫酸链霉素的土壤预测无效应浓度（PNEC）

由于没有搜集到土壤中硫酸链霉素的生物毒性数据，因此推导 PNEC$_{土壤}$ 采用平衡分配法，使用 EPI Suite V4.10 软件获得 K_{OC} 为 0.893 7 L/kg，根据式（2.12）得到 PNEC$_{土壤}$ 为 0.133 mg/kg（湿质量）。由于未获得毒性数据，所以无法使用评估系数法推算，而推导 PNEC$_{土壤}$ 需要同时依赖于评估系数法以及平衡分配法，所以后期会对数据进行补充，完善硫酸链霉素 PNEC$_{土壤}$的推导。

3.5.2 新霉素环境安全阈值

3.5.2.1 新霉素的水体预测无效应浓度（PNEC）

共搜集新霉素毒性数据 35 个，包括藻类、鱼类、溞类以及高等植物浮萍，急性数据和慢性数据相当。

由于新霉素的水生生物毒性数据没有达到 3 门 8 科的最低要求，故采用评估系数法计算 PNEC$_{水}$。在搜集的慢性 NOEC 中，包含了两个营养级别的两个物种的长期 NOEC，因此评估系数选用 50。比较溞、鱼 2 个营养级别的长期数据，发现大型溞 21d-NOEC=0.03 mg/L 为最低值，因此可以得到 PNEC$_{水}$ 为 0.6 μg/L。新霉素的水生生物毒性数据见表 3-22。

表 3-22　新霉素的水生生物毒性数据

物种名称	拉丁名	暴露时间 /d	毒性效应	LC$_{50}$/EC$_{50}$/（mg/L）	NOEC/（mg/L）	EC$_{10}$/（mg/L）	文献
膨胀浮萍	*Lemna gibba*	7	子代数量	—	—	>1	[1]
		7	类胡萝卜素含量	—	—	>1	[1]

物种名称	拉丁名	暴露时间 /d	毒性效应	$LC_{50}/EC_{50}/$ (mg/L)	NOEC/ (mg/L)	$EC_{10}/$ (mg/L)	文献
膨胀浮萍	*Lemna gibba*	7	叶绿素 b 浓度	—	—	>1	[1]
			叶绿素 a 浓度	—	—	>1	[1]
			生物的数量	—	—	>1	[1]
			子代数量	>1	—	—	[1]
			叶绿素 b 浓度	>1	—	—	[1]
			叶绿素 a 浓度	>1	—	—	[1]
			生物的数量	>1	—	—	[1]
			类胡萝卜素含量	>1	—	—	[1]
			叶绿素 b 浓度	—	1	—	[1]
			子代数量	—	1	—	[1]
			叶绿素 a 浓度	—	1	—	[1]
			类胡萝卜素含量	—	1	—	[1]
蛋白核小球藻	*Chlorella pyrenoidosa*	1	生长	2.82	—	—	[52]
		2	生长	3.37	—	—	[52]
		3	生长	3.61	—	—	[52]
		4	生长	3.76	—	—	[52]
多刺裸腹溞	*Moina macrocopa*	2	不游动	34.1	—	—	[41]
		1	不游动	69.1	—	—	[41]
		21	死亡率	0.75	—	—	[41]
		8	死亡率	—	0.5	—	[41]
		8	子代数量	—	0.5	—	[41]
大型溞	*Daphnia magna*	21	死亡率	0.09	—	—	[41]
		1	不游动	116.6	—	—	[41]
		2	不游动	42.1	—	—	[41]
		21	死亡率	—	0.03	—	[41]
		21	子代数量	—	0.03	—	[41]
青鳉	*Oryzias latipes*	2	死亡率	138.8	—	—	[41]

物种名称	拉丁名	暴露时间 /d	毒性效应	LC$_{50}$/EC$_{50}$/（mg/L）	NOEC/（mg/L）	EC$_{10}$/（mg/L）	文献
青鳉	*Oryzias latipes*	4	死亡率	80.8	—	—	[41]
斑马鱼	*Danio rerio*	4	损伤	—	2.3	—	[61]
			组织在紫外光中的荧光	—	4.6	—	[62]
			损伤	—	4.6	—	[62]
长牡蛎	*Crassostrea gigas*	2	发育变化	>800	>800	—	[63]
			死亡率	>800	>800	—	[63]

3.5.2.2 新霉素的沉积物预测无效应浓度（PNEC）

由于缺少沉积物中的生物毒性数据，因此新霉素 PNEC$_{沉积物}$采用平衡分配法进行计算。除 K_{OC} 以外的参数均采用 TGD 的默认值。新霉素的 K_{OC} 为 3.56×10^{-7} L/kg。按照式（2.7）～ 式（2.10）得到 PNEC$_{沉积物}$为 0.470 mg/kg（湿质量）。

3.5.2.3 新霉素的土壤预测无效应浓度（PNEC）

由于没有搜集到土壤中新霉素的生物毒性数据，因此推导 PNEC$_{土壤}$采用平衡分配法，使用 EPI Suite V4.10 软件获得 K_{OC} 为 3.56×10^{-7} L/kg，根据式（2.12）得到 PNEC$_{土壤}$为 0.070 6 mg/kg（湿质量）。由于未获得毒性数据，所以无法使用评估系数法推算，而推导 PNEC$_{土壤}$需要同时依赖于评估系数法以及平衡分配法，所以后期会对数据进行补充，完善新霉素 PNEC$_{土壤}$的推导。

3.6 磺胺类磺胺甲噁唑环境安全阈值

3.6.1 磺胺甲噁唑的水体预测无效应浓度（PNEC）

共搜集磺胺甲噁唑毒性数据 10 个，包括藻类、鱼类、溞类、菌类以及轮虫类，虽然有的种类抗生素毒性数据涵盖藻、溞、鱼三类，但数据量较少，不确定度较大。

由于磺胺甲噁唑的水生生物毒性数据没有达到 3 门 8 科的最低要求，故采用评估系数法计算 PNEC$_水$。在搜集的毒性数据中，包含了 3 个营养级别水平每一级至少有一项短期 L(E)C$_{50}$（藻、溞、鱼），因此评估系数选用 1 000。比较藻、溞、鱼 3 个营养级别的短期数据，发现绿藻 3 d-EC$_{50}$=7.50 μg/L 为最低值，因此可以得到 PNEC$_水$ 为 0.007 5 μg/L。磺胺甲噁唑的水生生物毒性数据见表 3-23。

表 3-23　磺胺甲噁唑的水生生物毒性数据

物种名称	拉丁名	暴露时间 /d	毒性效应	LC$_{50}$/EC$_{50}$/（mg/L）	文献
蛋白核小球藻	*Chlorella pyrenoidosa*	4	生长	1.673	[64]
		4	生长	18.8	[65]
绿藻	*Chlorophyta*	3	生长	7.50 μg/L	[19]
小球藻	*Chlorella vulgaris*	2	生长	0.98	[19]
大型溞	*Daphnia magna*	2	增殖	103	[66]
		1	反应	188	[65]
斑马鱼	*Barchydanio rerio* var	2	反应	50.94	[65]
萼花臂尾轮虫	*Brachionus calyciflorus* Pallas	3	反应	30.0	[19]
费氏弧菌	*Vibrio fischeri*	0.5	发光	85.72	[65]
		2	增殖	115	[66]

3.6.2　磺胺甲噁唑的沉积物预测无效应浓度（PNEC）

由于缺少沉积物中的生物毒性数据，因此磺胺甲噁唑 PNEC$_{沉积物}$采用平衡分配法进行计算。除 K_{OC} 以外的参数均采用 TGD 的默认值。磺胺甲噁唑的 K_{OC} 为 34.33 L/kg。按照式（2.7）～式（2.10）得到 PNEC$_{沉积物}$为 0.011 5 mg/kg（湿质量）。

3.6.3 磺胺甲噁唑的土壤预测无效应浓度（PNEC）

由于没有搜集到土壤中磺胺甲噁唑生物毒性的数据，因此推导 PNEC$_{土壤}$ 采用平衡分配法，使用 EPI Suite V4.10 软件获得 K_{OC} 为 34.33L/kg，根据式（2.12）得到 PNEC$_{土壤}$ 为 0.005 43 mg/kg（湿质量）。由于未获得毒性数据，所以无法使用评估系数法推算，而推导 PNEC$_{土壤}$ 需要同时依赖于评估系数法以及平衡分配法，所以后期会对数据进行补充，完善磺胺甲噁唑 PNEC$_{土壤}$ 的推导。

3.7 林可霉素类林可霉素环境安全阈值

3.7.1 林可霉素的水体预测无效应浓度（PNEC）

共搜集林可霉素毒性数据 26 个，包括高等植物（绿萍）、藻类（羊角月牙藻）、溞类（模糊网纹溞、大型溞）、鱼类（斑马鱼）以及蚊虫类（摇蚊）。由于林可霉素的水生生物毒性数据未达到 3 门 8 科的最低要求，故采用评估系数法计算 PNEC$_水$。在搜集的慢性 NOEC 中，包含了 2 个营养级别的 2 个物种的长期 NOEC，因此评估系数选用 50。比较斑马鱼和摇蚊 2 个营养级别的长期数据，发现摇蚊 4 d-NOEC=0.1 mg/L 为最低值，因此可以得到 PNEC$_水$ 为 2 μg/L。林可霉素的水生生物毒性数据见表 3-24。

表 3-24　林可霉素的水生生物毒性数据

物种名称	拉丁名	暴露时间 /d	毒性终点	LC$_{50}$/EC$_{50}$/（mg/L）	NOEC/（mg/L）	EC$_{10}$/（mg/L）	文献
绿萍	*Lemna gibba*	7	繁殖	—	—	>1	[1]
			生物量	—	—	>1	[1]
			类胡萝卜素含量	—	—	>1	[1]
			叶绿素 a 浓度	—	—	>1	[1]
			叶绿素 b 浓度	—	—	>1	[1]
			生物量	>1	—	—	[1]

续表

物种名称	拉丁名	暴露时间/d	毒性终点	$LC_{50}/EC_{50}/$(mg/L)	NOEC/(mg/L)	$EC_{10}/$(mg/L)	文献
绿萍	Lemna gibba	7	叶绿素 b 浓度	>1	—	—	[1]
			叶绿素 a 浓度	>1	—	—	[1]
			类胡萝卜素含量	>1	—	—	[1]
			繁殖	>1	—	—	[1]
			生物量	—	0.1	—	[1]
			叶绿素 b 浓度	—	0.03	—	[1]
			类胡萝卜素含量	—	0.03	—	[1]
			叶绿素 a 浓度	—	0.03	—	[1]
			繁殖	—	0.3	—	[1]
羊角月牙藻	Pseudokirchneriella subcapitata	3	死亡率	0.07	—	—	[67]
模糊网纹溞	Ceriodaphnia dubia	2	死亡率	7.2	—	—	[7]
		1	中毒	13.98	—	—	[7]
大型溞	Daphnia magna	1	中毒	>500	—	—	[43]
		2	中毒	>500	—	—	[43]
		1	中毒	23.18	—	—	[7]
斑马鱼	Zebra Danio	4	死亡率	—	1 000	—	[43]
摇蚊	Chironomus riparius	4	40S 核糖体蛋白 S3a mRNA	—	0.1	—	[68]
		4	60S 核糖体蛋白 L13 mRNA	—	0.1	—	[68]
		4	核糖体蛋白 L15 mRNA	—	0.1	—	[68]
		4	核糖体蛋白 L11 mRNA	—	0.1	—	[68]

3.7.2 林可霉素的沉积物预测无效应浓度（PNEC）

由于缺少沉积物中的生物毒性数据，因此林可霉素 $PNEC_{沉积物}$ 采用平衡分配法进行计算。除 K_{OC} 以外的参数均采用 TGD 的默认值。林可霉素的 K_{OC} 为 1.075 L/kg。按照式（2.7）～式（2.10）得到 $PNEC_{沉积物}$ 为 1.60 mg/kg（湿质量）。

3.7.3 林可霉素的土壤预测无效应浓度（PNEC）

由于没有搜集到土壤中林可霉素对生物毒性的相关数据，因此推导 $PNEC_{土壤}$ 采用平衡分配法，使用 EPI Suite V4.10 软件获得 K_{OC} 为 1.075 L/kg，根据式（2.12）得到 $PNEC_{土壤}$ 为 0.27 mg/kg（湿质量）。由于未获得毒性数据，所以无法使用评估系数法推算，而推导 $PNEC_{土壤}$ 需要同时依赖于评估系数法以及平衡分配法，所以后期会对数据进行补充，完善林可霉素 $PNEC_{土壤}$ 的推导。

3.8 氯霉素类氯霉素环境安全阈值

3.8.1 氯霉素的水体预测无效应浓度（PNEC）

共搜集氯霉素毒性数据 18 个，包括藻类（近头状伪蹄形藻、蛋白核小球藻）、溞类（大型溞、隆线溞）、鱼类（斑马鱼、稀有鮈鲫）以及螺类（方形环棱螺）。

由于氯霉素的水生生物毒性数据未达到 3 门 8 科的最低要求，故采用评估系数法计算 $PNEC_水$。在搜集的慢性 NOEC 中，包含了一项长期试验的 NOEC（溞类），因此评估系数选用 100。大型溞 21 d-NOEC=1.25 mg/L 为最低值，因此可以得到 $PNEC_水$ 为 12.5 μg/L。氯霉素的水生生物毒性数据见表 3-25。

表 3-25　氯霉素的水生生物毒性数据

物种名称	拉丁名	暴露时间 /d	毒性终点	$LC_{50}/EC_{50}/$（mg/L）	NOEC/（mg/L）	文献
近头状伪蹄形藻	*Pseudokirchneriella subcapitata*	3	生长	49.203	—	[21]
		1	生长	19.239	—	[21]
		2	生长	44.893	—	[22]
蛋白核小球藻	*Chlorella pyrenoidosa*	1	生长	2.59	—	[22]
		2	生长	2.66	—	[22]
		3	生长	2.83	—	[22]
		4	生长	2.29	—	[65]
大型溞	*Daphnia magna* Straus	1	生长	426.541	—	[21]
		2	生长	129.56	—	[46]
		2	反应	175.846	—	[69]
		21	生长	15.59	—	[21]
		21	生长	—	1.25	[21]
隆线溞	*Daphnia carinata*	2	反应	192.6	—	[21]
斑马鱼	*Barchydanio rerio* var	4	生长	1 000	—	[21]
稀有鮈鲫	*Gobiocypris rarus* Ye et Fu	4	生长	1 000	—	[21]
方形环棱螺	*Bellamya quadrata*	4	生长	375.285	—	[21]

3.8.2　氯霉素的沉积物预测无效应浓度（PNEC）

由于缺少沉积物中生物毒性数据，因此氯霉素 $PNEC_{沉积物}$采用平衡分配法进行计算。除 K_{OC} 以外的参数均采用 TGD 的默认值，氯霉素的 K_{OC} 为 8.439 L/kg。按照式（2.7）～式（2.10）得到 $PNEC_{沉积物}$ 为 12.1 mg/kg（湿质量）。

3.8.3　氯霉素的土壤预测无效应浓度（PNEC）

由于没有搜集到土壤中氯霉素的生物毒性数据，因此推导 $PNEC_{土壤}$采用平衡分配法，使用 EPI Suite V4.10 软件获得 K_{OC} 为 1.075 L/kg，根据式（2.12）

得到 PNEC$_{土壤}$为 3.33 mg/kg（湿质量）。由于未获得土壤的毒性数据，所以无法使用评估系数法推导，而推导 PNEC$_{土壤}$需要同时依赖于评估系数法以及平衡分配法，所以后期会对数据进行补充，完善氯霉素 PNEC$_{土壤}$的推导。

3.9 沙星类环境安全阈值

3.9.1 诺氟沙星环境安全阈值

3.9.1.1 诺氟沙星的水体预测无效应浓度（PNEC）

共搜集诺氟沙星毒性数据 9 个，包括藻类（蛋白核小球藻、斜生栅藻、四尾栅藻）、溞类（大型溞）、鱼类（锦鲤）。由于诺氟沙星的水生生物毒性数据未达到 3 门 8 科的最低要求，故采用评估系数法计算 PNEC$_水$。在搜集的慢性 NOEC 中，包含了 2 个营养级别（藻和溞）的 2 个物种的长期 NOEC，因此评估系数选用 50。比较藻、溞 2 个营养级别的长期数据，发现绿藻 3 d-NOEC=5.64 μg/L 为最低值，因此可以得到 PNEC$_水$为 0.113 μg/L。诺氟沙星的水生生物毒性数据见表 3-26。

表 3-26 诺氟沙星的水生生物毒性数据

物种名称	拉丁名	暴露时间 /d	毒性终点	NOEC/（mg/L）	EC$_{10}$/（mg/L）	文献
蛋白核小球藻	*Chlorella pyrenoidosa*	4	生长	31.35	—	[19]
斜生栅藻	*Scenedesmus obliquus*	4	生长	50.18	—	[19]
四尾栅藻	*Scenedesmus quadricauda*	1	生长	50	—	[19]
绿藻	*Chlorophyta*	3	生长	5.64 μg/L	—	[19]
大型溞	*Daphnia magna* Straus	1	反应	257.5	—	[19]
		2	反应	55.56	—	[19]
		3	反应	28.46	—	[19]
		4	反应	7.24	—	[19]
锦鲤	*Cyprinus carpio*	4	反应	—	1 000	[19]

3.9.1.2 诺氟沙星的沉积物预测无效应浓度（PNEC）

由于缺少沉积物中的生物毒性数据，因此诺氟沙星 $PNEC_{沉积物}$ 采用平衡分配法进行计算。除 K_{OC} 以外的参数均采用 TGD 的默认值，诺氟沙星的 K_{OC} 为 0.405 2 L/kg。按照式（2.7）～式（2.10）得到 $PNEC_{沉积物}$ 为 0.089 mg/kg（湿质量）。

3.9.1.3 诺氟沙星的土壤预测无效应浓度（PNEC）

由于没有搜集到土壤中诺氟沙星的生物毒性数据，因此推导 $PNEC_{土壤}$ 采用平衡分配法，使用 EPI Suite V4.10 软件获得 K_{OC} 为 0.405 2 L/kg，根据式（2.12）得到 $PNEC_{土壤}$ 为 0.014 mg/kg（湿质量）。由于未获得土壤毒性数据，所以无法使用评估系数法推导，而推导 $PNEC_{土壤}$ 需要同时依赖于评估系数法以及平衡分配法，所以后期会对数据进行补充，完善诺氟沙星 $PNEC_{土壤}$ 的推导。

3.9.2 恩诺沙星环境安全阈值

3.9.2.1 恩诺沙星的水体预测无效应浓度（PNEC）

共搜集恩诺沙星毒性数据 9 个，包括藻类（铜绿微囊藻、近头状伪蹄形藻、蛋白核小球藻）、溞类（大型溞）、鱼类（稀有鮈鲫、斑马鱼）以及螺类（方形环棱螺）。由于恩诺沙星的水生生物毒性数据未达到 3 门 8 科的最低要求，故采用评估系数法计算 $PNEC_水$。在搜集的慢性 NOEC 中，包含了 3 个营养级别（藻、溞、鱼）的至少 3 个物种的长期 NOEC，因此评估系数选用 10。比较藻类、溞类、鱼类 3 个营养级别的长期数据，发现蛋白核小球藻 4 d-NOEC=0.125 mg/L 为最低值，因此可以得到 $PNEC_水$ 为 12.5 μg/L。

恩诺沙星的水生生物毒性数据见表 3-27。

表 3-27　恩诺沙星的水生生物毒性数据

物种名称	拉丁名	暴露时间 /d	毒性终点	LC$_{50}$/EC$_{50}$/（mg/L）	NOEC/（mg/L）	文献
铜绿微囊藻	*Microcystis aeruginosa*	4	生长	0.08	—	[19]
近头状伪蹄形藻	*Pseudokirchneriella subcapitata*	3	生长	0.952	0.952	[21]
蛋白核小球藻	*Chlorella pyrenoidosa*	4	生长	0.125	0.125	[64]
大型溞	*Daphnia magna*	21	生长	—	5	[21]
		1	生长	139.39	139.39	[21]
		2	生长	78.38	78.38	[21]
稀有鮈鲫	*Gobiocypris rarus*	4	生长	146.99	—	[21]
斑马鱼	*Barchydanio rerio* var	4	生长	105.56	105.56	[21]
方形环棱螺	*Bellamya quadrata*	4	生长	279.491	—	[21]

3.9.2.2　恩诺沙星的沉积物预测无效应浓度（PNEC）

由于缺少沉积物中的生物毒性数据，因此恩诺沙星 PNEC$_{沉积物}$采用平衡分配法进行计算。除 K_{OC} 以外的参数均采用 TGD 的默认值，恩诺沙星的 K_{OC} 为 1.611 L/kg。按照式（2.7）～式（2.10）得到 PNEC$_{沉积物}$为 10.220 mg/kg（湿质量）。

3.9.2.3　恩诺沙星的土壤预测无效应浓度（PNEC）

由于没有搜集到土壤中恩诺沙星的生物毒性数据，因此推导 PNEC$_{土壤}$采用平衡分配法，使用 EPI Suite V4.10 软件获得 K_{OC} 为 1.611 L/kg，根据式（2.12）得到 PNEC$_{土壤}$为 1.826 mg/kg（湿质量）。由于未获得土壤毒性数据，所以无法使用评估系数法推导，而推导 PNEC$_{土壤}$需要同时依赖于评估系数法以及平衡分配法，所以后期会对数据进行补充，完善恩诺沙星 PNEC$_{土壤}$的推导。

3.10 各类抗生素的 PNEC 值

各类抗生素水体的 PNEC 值（表 3-28）由小到大依次为磺胺甲噁唑、红霉素、罗红霉素、青霉素、诺氟沙星、四环素、克拉霉素、金霉素、新霉素、硫酸链霉素、林可霉素、土霉素、氯霉素、恩诺沙星、头孢噻肟、头孢唑啉。

表 3-28　各类抗生素的 PNEC 值

类别	名称	PNEC$_水$/（μg/L）	PNEC$_{沉积物}$/（mg/kg）（湿质量）	PNEC$_{土壤}$/（mg/kg）（湿质量）	PNEC$_水$排序
大环内酯类	红霉素	0.10	0.135	0.056	2
	罗红霉素	0.10	0.093 9	0.024 5	2
	克拉霉素	0.20	0.259	0.106	7
四环素类	四环素	0.115	0.423	0.057	6
	土霉素	4.93	17.8	3.16	12
	金霉素	0.24	0.197	0.035 7	8
青霉素类	青霉素	0.10	0.105	0.033 7	2
头孢类	头孢噻肟	455.5	378.629	71.570	15
	头孢唑啉	2.0×10^4	819.78	147.82	16
氨基糖苷类	硫酸链霉素	1.00	0.802	0.133	10
	新霉素	0.60	0.470	0.070 6	9
磺胺类	磺胺甲噁唑	0.007 5	0.011 5	0.005 43	1
林可霉素类	林可霉素	2.00	1.60	0.27	11
氯霉素类	氯霉素	12.5	12.1	3.33	13
沙星类	诺氟沙星	0.112 8	0.089 3	0.014 1	5
	恩诺沙星	12.5	10.220	1.826	13

参考文献

[1] Brain R A, Johnson D J, Richards S M, *et al*. Effects of 25 pharmaceutical compounds to *Lemna gibba* using a seven-day static-renewal test[J]. Environmental Toxicology & Chemistry, 2004, 23(2): 371-382.

[2] Francesco P, Andrew G N, Davide C, *et al*. Effects of Erythromycin, Tetracycline and Ibuprofen on the Growth of *Synechocystis* sp. and *Lemna minor* [J]. Aquatic Toxicology, 2004, 67: 387-396.

[3] Gonzdlez P M, Gonzalo S, Rodea-Palomares I, *et al*. Toxicity of five antibiotics and their mixtures towards photosynthetic aquatic organisms: Implications for environmental risk assessment[J]. Water Research, 2013, 47(6): 2050-2064.

[4] Tomonori, Ando, Hiroyasu, *et al*. A novel method using cyanobacteria for ecot1oxicity test of veterinary antimicrobial agents[J]. Environmental Toxicology & Chemistry, 2007, 26(4): 601-606.

[5] El-Bassat R A, Touliabah H E, Harisa G I, *et al*. Aquatic toxicity of various pharmaceuticals on some isolated plankton species[J]. International Journal of Medical Sciences, 2012, 3(6): 71-80.

[6] Christensen A M, Ingerslev F, Baun A. Ecotoxicity of mixtures of antibiotics used in aquacultures[J]. Environmental Toxicology and Chemistry, 2006, 25(8): 2208-2215.

[7] Isidori M, Lavorgna M, Nardelli A, *et al*. Toxic and genotoxic evaluation of six antibiotics on non-target organisms[J]. Science of the Total Environment, 2005, 346(1/3): 87-98.

[8] Eguchi K, Nagase H, Ozawa M, *et al*. Evaluation of antimicrobial agents for veterinary use in the ecotoxicity test using microalgae[J]. Chemosphere, 2004, 57(11): 1733-1738.

[9] Liu B Y, Nie X P, Liu W Q, *et al*. Toxic effects of erythromycin, ciprofloxacin and sulfamethoxazole on photosynthetic apparatus in Selenastrum capricornutum[J]. Ecotoxicology and Environmental Safety, 2011, 74(4): 1027-1035.

[10] JI K, Kim S, Han S, et al. Risk assessment of chlortetracycline, oxytetracycline, sulfamethazine, sulfathiazole, and erythromycin in aquatic environment: are the current environmental concentrations safe?[J]. Ecotoxicology, 2012, 21(7): 2031-2050.

[11] Rodney R W, Thomas A B, Donald V L. Shrimp Antimicrobial Testing. II. Toxicity Testing and Safety Determination for Twelve Antimicrobials with Penaeid Shrimp Larvae [J]. Journal of Aquatic Animal Health, 1992, 4(4): 262-270.

[12] Kim J W, Ishibashi H, Yamauchi R, et al. Acute toxicity of pharmaceutical and personal care products on freshwater crustacean(Thamnocephalus platyurus)and fish(Oryzias latipes)[J]. Journal of Toxicological Sciences, 2009, 34(2): 227.

[13] He J H, Guo S Y, Zhu F, et al. A Zebrafish Phenotypic Assay for Assessing Drug-Induced Hepatotoxicity[J]. Journal of Pharmacological and Toxicological Methods, 2013, 67(1): 25-32.

[14] Bills T D, Marking L L, Howe G E. Sensitivity of Juvenile Striped Bass to Chemicals Used in Aquaculture[J]. Resource Publication US Fisheries Wildlife Service, 1993, 192: 17.

[15] Hicks B D, Geraci J R.A Histological Assessment of Damage in Rainbow Trout, Salmo gairdneri Richardson, Fed Rations Containing Erythromycin[J]. Fish Diseases, 1984, 7(6): 457-465.

[16] LI M H. Acute toxicity of 30 pharmaceutically active compounds to freshwater planarians, Dugesia japonica[J]. Toxicological & Environmental Chemistry, 2013, 95(7-8): 1157-1170.

[17] Lang J, Kohidai L. Effects of the aquatic contaminant human pharmaceuticals and their mixtures on the proliferation and migratory responses of the bioindicator freshwater ciliate Tetrahymena[J]. Chemosphere, 2012, 89(5): 592-601.

[18] 吴丰昌, 孟伟, 张瑞卿, 等. 保护淡水水生生物硝基苯水质基准研究 [J]. 环境科学研究, 2011, 24(1): 1-10.

[19] 方媛瑗, 丁惠君. 抗生素的生态毒性效应研究进展 [J]. 环境科学与技术, 2018, 41(5): 102-110.

[20] Yang L H, Guo G, et al. Growth-Inhibiting Effects of 12 Antibacterial Agents and

Their Mixtures on the Freshwater Microalga Pseudokirchneriella subcapitata[J]. Environmental Toxicology & Chemistry, 2008.

［21］杨灿. 典型抗生素对水生生物的毒性效应及生态风险阈值研究 [D]. 上海：华东理工大学，2019.

［22］陈琼，张瑾，李小猛，等. 几种抗生素对蛋白核小球藻的时间毒性微板分析法 [J]. 生态毒理学报，2015，10(2)：190-197.

［23］赵也，张辰笈，丁霜，等. 四环素和盐酸四环素对 3 种纤毛虫急性毒性效应的比较研究 [J]. 环境污染与防治，2017，39(7)：717-720.

［24］白琦锋. 几种新生污染物对嗜热四膜虫的分子生态毒性研究 [D]. 上海：上海交通大学，2011.

［25］邓世杰，马辰宇，严岩，等. 3 种抗生素对黑麦草种子萌发的生态毒性效应 [J]. 生态毒理学报，2019，14(3)：279-285.

［26］Hanson M L, Knapp C W, GRAHAM D W. Field assessment of oxytetracycline exposure to the freshwater macrophytes *Egeria densa* Planch. and *Ceratophyllum demersum* L. [J]. Environmental Pollution, 2006, 141(3): 434-442.

［27］Seoane M, Rioboo C, HERRERO C, *et al*. Toxicity induced by three antibiotics commonly used in aquaculture on the marine microalga *Tetraselmis suecica* (Kylin)Butch[J]. Marine Environmental Research, 2014, 101: 1-7.

［28］Grinten E, Pikkemaat M G, Brandhof E J, *et al*. Comparing the sensitivity of algal, cyanobacterial and bacterial bioassays to different groups of antibiotics [J]. Chemosphere, 2010, 80(1): 1-6.

［29］Battaglene S C, Morehead D T, Cobcroft J M, *et al*. Combined effects of feeding enriched rotifers and antibiotic addition on performance of striped trumpeter(*Latris lineata*)larvae [J]. Aquaculture, 2006, 251(2-4): 456-47.

［30］JI K, Kim S, Han S, *et al*. Risk assessment of chlortetracycline, oxytetracycline, sulfamethazine, sulfathiazole, and erythromycin in aquatic environment: Are the current environmental concentrations safe? [J]. Ecotoxicology, 2012, 21(7): 2031-2050.

［31］Rijkers G T, Teunissen A G, Oosterom R, *et al*. The immune system of cyprinid fish. The immunosuppressive effect of the antibiotic oxytetracycline in carp(*Cyprinus carpio* L.)[J]. Aquaculture, 1980, 19(2): 177-189.

[32] Radka, Dobšíková, *et al*. The effect of oyster mushroom β-1.3/1.6-D-glucan and oxytetracycline antibiotic on biometrical, haematological, biochemical, and immunological indices, and histopathological changes in common carp(*Cyprinus carpio* L.)[J]. Fish & Shellfish Immunology, 2013, 35(6): 1813-1823.

[33] Yonar M E. The effect of lycopene on oxytetracycline-induced oxidative stress and immunosuppression in rainbow trout(*Oncorhynchus mykiss*, W.)[J]. Fish & Shellfish Immunology, 2012, 32(6): 994-1001.

[34] Reda R M, Ibrahim R E, Ahmed E N G, *et al*. Effect of oxytetracycline and florfenicol as growth promoters on the health status of cultured *Oreochromis niloticus*[J]. The Egyptian Journal of Aquatic Research, 2013, 39(4): 241-248.

[35] Kreutzmann H L. The effects of chloramphenicol and oxytetracycline on haematopoiesis in the European eel(*Anguilla anguilla*)[J]. Aquaculture, 1977, 10(4): 323-334.

[36] Guardiola F A, Cerezuela R, Meseguer J, *et al*. Modulation of the immune parameters and expression of genes of gilthead seabream(*Sparus aurata* L.)by dietary administration of oxytetracycline[J]. Aquaculture, 2012, 334-337: 51-57.

[37] Sanchez-martinez J. A Preliminary Study on the Effects on Growth, Condition, and Feeding Indexes in Channel Catfish, Ictalurus punctatus, after the Prophylactic Use of Potassium Permanganate and Oxytetracycline[J]. Journal of the World Aquaculture Society, 2010, 39(5).

[38] O'Hara T M, Azadpour A, Scheemaker J, *et al*. Oxytetracycline residues in channel catfish: A feeding trail [J]. Veterinary and Human Toxicology, 1997, 39(2): 65-70.

[39] Brain R A, Johnson D J, Richards S M, *et al*. Effects of 25 pharmaceutical compounds to Lemna gibba using a seven-day static-renewal test[J]. Environmental Toxicology & Chemistry, 2004, 23(2): 371-382.

[40] Guo R X, Chen J Q. Phytoplankton toxicity of the antibiotic chlortetracycline and its UV light degradation products[J]. Chemosphere, 2012, 87(11): 1254-1259.

[41] Park S, Choi K. Hazard assessment of commonly used agricultural antibiotics on aquatic ecosystems[J]. Ecotoxicology, 2008, 17(6): 526-538.

[42] Müller H G. Sensitivity of Daphnia magna Straus against eight chemotherapeutic

agents and two dyes[J]. Bulletin of Environmental Contamination & Toxicology, 1982, 28(1): 1-2.

[43] Kim J, Park J, Kim P G, *et al*. Implication of global environmental changes on chemical toxicity-effect of water temperature, pH, and ultraviolet B irradiation on acute toxicity of several pharmaceuticals in Daphnia magna[J]. Ecotoxicology, 2010, 19(4): 662-669.

[44] Koeypudsa W, Yakupitiyage A, Tangtrongpiros J. The fate of chlortetracycline residues in a simulated chicken-fish integrated farming systems[J]. Aquaculture Research, 2015, 36(6): 570-577.

[45] Divo A A, Geary T G, Jensen J B. Oxygen-and time-dependent effects of antibiotics and selected mitochondrial inhibitors on Plasmodium falciparum in culture[J]. Antimicrobial Agents and Chemotherapy, 1985, 27(1): 21-27.

[46] Selderslaghs I, Blust R, Witters H E. Feasibility study of the zebrafish assay as an alternative method to screen for developmental toxicity and embryotoxicity using a training set of 27 compounds[J]. Reproductive Toxicology, 2012, 33(2): 142-154.

[47] Qian H, Pan X, Chen J, et al. Analyses of gene expression and physiological changes in Microcystis aeruginosa reveal the phytotoxicities of three environmental pollutants[J]. Ecotoxicology, 2012, 21(3): 847-859.

[48] 焦晓会. 头孢类抗生素废水胁迫对斑马鱼生物标志物影响研究 [D]. 石家庄: 河北科技大学, 2015.

[49] A. L, Gustafson, et al. Inter-laboratory assessment of a harmonized zebrafish developmental toxicology assay-Progress report on phase I[J]. Reproductive Toxicology, 2012, 33(2): 155-164.

[50] Tang H, Ren Z, Krczal G. An evaluation of antibiotics for the elimination of Agrobacterium tumefaciens from walnut somatic embryos and for the effects on the proliferation of somatic embryos and regeneration of transgenic plants[J]. Plant Cell Reports, 2000, 19(9): 881-887.

[51] Maklakova M E, Kondratieva, *et al*. Effect of Antibiotics on Immunophysiological Status and Their Taste Attractiveness for Rainbow Trout Parasalmo(=Oncorhynchus) mykiss(Salmoniformes, Salmonidae)[J]. Journal of Ichthyology C/C of Voprosy

Ikhtiologii, 2011, 51(11): 1133-1142.

[52] Halling S B. Algal toxicity of antibacterial agents used in intensive farming[J]. Chemosphere, 2000, 40(7): 731-739.

[53] Kusk H. Acute and chronic toxicity of veterinary antibiotics to Daphnia magna[J]. Chemosphere, 2000, 40(7): 723-730.

[54] Müller H G. Sensitivity of Daphnia magna Straus against eight chemotherapeutic agents and two dyes[J]. Bulletin of Environmental Contamination & Toxicology, 1982, 28(1): 1-2.

[55] Higgs D M, Radford C A. The contribution of the lateral line to "hearing" in fish[J]. Journal of Experimental Biology, 2013, 216(8): 1484-1490.

[56] Procaccini D J, Doyle C M. Streptomycin induced teratogenesis in developing and regenerating amphibians[J]. Oncology, 1970, 24(5): 378-387.

[57] Carballeira C, Orte M R, Viana I G, et al. Assessing the Toxicity of Chemical Compounds Associated With Land-Based Marine Fish Farms: The Sea Urchin Embryo Bioassay With Paracentrotus lividus and Arbacia lixula[J]. Arch Environ Contam Toxicol, 2012, 63(2): 249-261.

[58] Araujo A, Mcnair J N. Individual-and population-level effects of antibiotics on the rotifers, Brachionus calyciflorus and B. plicatilis[J]. Hydrobiologia, 2007, 593(1): 185-199.

[59] Wassnig M, Southgate P C. The Effects of Egg Stocking Density and Antibiotic Treatment on Survival and Development of Winged Pearl Oyster(Pteria Penguin, Rding 1798)Embryos[J]. Journal of Shellfish Research, 1943, 30(1): 103-107.

[60] Fitt W K, et al. Use of antibiotics in the mariculture of giant clams(F. Tridacnidae)[J]. Aquaculture, 1992, 104(1-2): 1-10.

[61] Stengel D, Zindler F Braunbeck T. An optimized method to assess ototoxic effects in the lateral line of zebrafish(Danio rerio)embryos[J]. Comparative Biochemistry & Physiology Part C Toxicology & Pharmacology, 2016.

[62] Stengel D, Wahby S, Braunbeck T. In search of a comprehensible set of endpoints for the routine monitoring of neurotoxicity in vertebrates: sensory perception and nerve transmission in zebrafish(Danio rerio)embryos[J]. Environmental Science And Pollution Research, 2018, 25(5): 4066-4084.

［63］ Cardwell R D, Woelke C E, Carr M I, *et al*. Toxic substance and water quality effects on larval marine organisms[J]. Washington Department of Fisheries Technical Report, 1979.

［64］ 王桂祥. 低浓度混合抗生素对普通小球藻的联合毒性效应及机理 [D]. 青岛：青岛科技大学.

［65］ 王作铭, 陈军, 陈静, 等. 地表水中抗生素复合残留对水生生物的毒性及其生态风险评价 [J]. 生态毒理学报, 2018, 13(4): 12.

［66］ 卫毅梅. 抗生素在城市河流中的污染特征及生态毒性研究 [D]. 辽宁：辽宁大学, 2013.

［67］ ALLISON R K, SKIPPER H E, REID M R, *et al*. Studies on the Photosynthetic Reaction. Ⅲ. The Effects of Various Inhibitors upon Growth and Carbonate-Fixation in Chlorella pyrenoidosa[J]. Journal of Biological Chemistry, 1953, 204(1): 197-205.

［68］ Park K, Kwak I S. Gene expression of ribosomal protein mRNA in Chironomus riparius: effects of endocrine disruptor chemicals and antibiotics[J]. Comparative Biochemistry & Physiology Part C Toxicology & Pharmacology, 2012, 156(2): 113-120.

［69］ 胡婷婷, 吴慧明, 陈颖, 等. 氯霉素对大型溞的急性和慢性毒性效应 [J]. 安徽农业科学, 2017, 45(36): 4.

第4章

典型环境中部分抗生素物质
生态安全阈值应用

本书针对我国淡水环境、淡水沉积物环境和土壤环境介质，综合典型环境中各类抗生素生态安全阈值研究成果，对典型环境中各类抗生素物质进行了生态毒性风险评估，为我国抗生素污染监测和生态系统保护提供参考。

4.1　生态风险评估方法

本书中生态风险评估采用风险商值（RQ）法对我国典型环境中部分抗生素物质的暴露风险进行评估，通过收集到的淡水环境、土壤以及沉积物暴露浓度除以获得的 PNEC 值，得到 RQ。若 RQ＞1，则有风险；若 RQ＜1，则无风险。RQ 计算公式如下：

$$RQ = \frac{EEC}{PNEC} \tag{4.1}$$

式中，EEC——环境中的污染物浓度；

　　　PNEC——预测无效应浓度。

4.2 我国环境中部分抗生素物质的暴露浓度分析

4.2.1 大环内酯类

4.2.1.1 红霉素

（1）淡水环境

将我国部分地区各类型水质中红霉素的暴露浓度与本书推导的红霉素 PNEC$_水$值（0.1 μg/L）相比较（表 4-1、图 4-1）。结果显示，各类水质中红霉素的检出率相对较高，但暴露浓度较低，大部分水质的红霉素风险商值均未超过 1，表明我国大部分地区淡水环境中红霉素处于可接受水平。部分点位的红霉素浓度高于红霉素 PNEC$_水$值，如少数养鱼塘高达 272 ng/L，是红霉素 PNEC$_水$值的 2.72 倍，高红霉素浓度可能会对水生生物造成危害，值得关注。

表 4-1 我国部分水质中红霉素的含量

序号	水质利用类型	调查地	浓度范围 /（ng/L）	平均值 /（ng/L）	风险商值（RQ）	文献来源
1	井水	毕节甘家湾垃圾填埋场周边民用	ND-1.28	0.28	0.003	[1]
2	出水	污水处理厂	37.3～2 054	—	—	[2]
3	河水	北京温榆河	8.5～877.6	29.2	0.29	[3]
4	出水	清河 STP 出水 DQE	80.9	—	0.81	[3]
5		北小河 STP 出水 DBE	53.8	—	0.54	[3]
6		高碑店 STP 出水 DTE	35.5	—	0.36	[3]
7		酒仙桥 STP 出水 DJE	43.5	—	0.44	[3]
8	排放	清河直接排放样 DQ1	52.8	—	0.53	[3]
9		清河直接排放样 DQ2	22.8	—	0.23	[3]
10		清河直接排放样 DQ3	0.5	—	0.005	[3]

序号	水质利用类型	调查地	浓度范围 / （ng/L）	平均值 / （ng/L）	风险商值 （RQ）	文献来源
11	排放	坝河直接排放样 DB1	128.9	—	1.29	［3］
12		坝河直接排放样 DBB1	138.9	—	1.39	［3］
13		坝河直接排放样 DBB2	41.9	—	0.42	［3］
14		坝河直接排放样 DBB3	34.6	—	0.35	［3］
15		坝河直接排放样 DBB4	1.2	—	0.01	［3］
16		坝河直接排放样 DBB5	7.3	—	0.07	［3］
17		通惠河直接排放样 DT1	37.5	—	0.38	［3］
18		通惠河直接排放样 DT2	30.3	—	0.30	［3］
19		通惠河直接排放样 DT3	34.1	—	0.34	［3］
20		通惠河直接排放样 DT4	42.3	—	0.42	［3］
21	河水	半岛诸河	ND～67.9	10.3	0.10	［4］
22		小清河	ND～135	23.6	0.24	［4］
23		海河	3.41～34.4	15.7	0.16	［4］
24		淮河	2.19～47.8	18.3	0.18	［4］
25		小清河	9.65～84.9	33.3	0.33	［5］
26	养殖水	环鄱阳湖水产养殖区	42.42	—	0.42	［6］
27		渤海湾养鱼塘	272	—	2.72	［126］
28		典型配套养殖体系	11.7	—	0.12	［7］
29	湖水	淀山湖表层水（春）	ND～364.6	46.25	0.46	［8］
30		淀山湖表层水（夏）	ND	—	＜1	［8］
31		淀山湖表层水（秋）	ND～0.04	0.04	0.000 4	［8］
32		淀山湖表层水（冬）	0.12～0.16	0.37	0.004	［8］
33		艾溪湖	ND～98.4	—	＜0.98	［9］
34		瑶湖	ND	—	＜1	［9］
35		青山湖	ND	—	＜1	［9］
36		东西湖	11.3～24.5	—	—	［9］

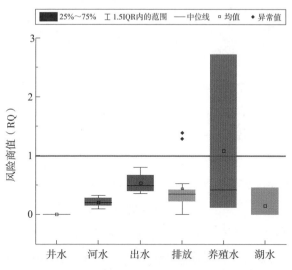

图 4-1 我国部分水质中红霉素的风险商值统计

（2）沉积物环境

将我国部分地区淡水沉积物中红霉素的暴露浓度与本书推导的红霉素 PNEC$_{沉积物}$值（0.135 mg/kg）相比较（表4-2）。结果显示，我国大部分地区淡水沉积物中红霉素的暴露浓度均低于 PNEC$_{沉积物}$值，表明我国大部分地区淡水沉积物中红霉素处于可接受水平。但部分淡水沉积物中红霉素浓度高于 PNEC 值，如珠江的少数沉积物暴露浓度最高可达 385 ng/g，是红霉素 PNEC$_{沉积物}$值的 2.85 倍，高浓度的红霉素可能会对底栖水生生物造成危害，值得关注。

表 4-2 我国部分沉积物中红霉素的含量

序号	调查地	浓度范围 /（ng/g）	风险商值（RQ）	文献来源
1	长江三角洲	＜LOQ～51.5	＜0.38	［10］
2	白洋淀	ND～3.04	＜0.002	［11］
3	苕溪	ND～0.1	＜0.001	［12］
4	黄河	1.28～49.8	0.01～0.37	［13］
5	海河	＜LOQ～67.7	0.5	［13］
6	辽河	3.61～40.3	0.03～0.30	［13］
7	珠江	24.4～385	0.18～2.85	［14］

4.2.1.2 罗红霉素

（1）淡水环境

将我国部分地区各类型水质中罗红霉素的暴露浓度与本书推导的罗红霉素 $PNEC_水$ 值（0.1 μg/L）相比较（表4-3、图4-2）。结果显示，各类水质中罗红霉素的检出率相对较高，但暴露浓度相对较低，除污水处理厂出水和部分排放水外，大部分水质中的罗红霉素风险商值均未超过1，表明我国大部分地区淡水环境中罗红霉素处于可接受水平。RQ由大到小依次为出水＞养殖水＞排放＞河水＞井水＞湖水，其中，污水处理厂出水和部分排放口水质中的罗红霉素暴露浓度超过 $PNEC_水$ 值。部分点位污水处理厂出水的罗红霉素浓度最高可达 593.6 ng/L，是罗红霉素 $PNEC_水$ 值的 5.94 倍，高罗红霉素浓度可能会对水生生物造成危害，值得关注。

表4-3 我国部分水质中罗红霉素的含量

序号	水质利用类型	调查地	浓度范围 /（ng/L）	平均值 /（ng/L）	风险商值（RQ）	文献来源
1	养殖水	高淳中华绒螯蟹养殖塘1	ND～2.92	—	＜0.03	[15]
2		高淳中华绒螯蟹养殖塘2	ND～29.26	—	＜0.29	[15]
3		金坛中华绒螯蟹养殖塘1	ND	—	＜1	[15]
4		金坛中华绒螯蟹养殖塘2	ND	—	＜1	[15]
5	河水	大辽河表层水	ND～0.198 μg/L	0.169 μg/L	1.69	[16]
6		小清河	3.30～22.5	8.86	0.09	[5]
7		大丰河	ND～0.35	—	＜0.004	[17]
8		渭河关中段	7.6～114.46	—	0.08～1.14	[18]
9	井水	毕节甘家湾垃圾填埋场周边民用	ND～4.95	2.68	0.03	[1]
10	河水	半岛诸河	ND～53.4	9.28	0.09	[4]
11		小清河	1.84～117	42.5	0.43	[4]
12		海河	0.97～26.3	11.1	0.11	[4]
13		淮河	ND～131	25	0.25	[4]

续表

序号	水质利用类型	调查地	浓度范围/（ng/L）	平均值/（ng/L）	风险商值（RQ）	文献来源
14	养殖水	环鄱阳湖水产养殖区	95.14	—	0.95	[6]
15	湖水	贡湖湾	14～23	—	0.14～0.23	[19]
16		淀山湖表层水春	ND～116.01	20.33	0.20	[8]
17		淀山湖表层水夏	0.18～0.31	0.26	0.003	[8]
18		淀山湖表层水秋	0.16～0.45	0.25	0.003	[8]
19		淀山湖表层水冬	0.19～1.01	0.43	0.004	[8]
20		艾溪湖	ND～16.4	—	<0.16	[9]
21		青山湖	11.2～20.8	—	0.11～0.21	[9]
22		东西湖	ND	—	<1	[9]
23	出水	污水处理厂	2.9～593.6	—	0.03～5.94	[2]
24	河水	北京温榆河	7.5～141.7	37.8	0.38	[3]
25	出水	清河 STP 出水 DQE	145.3	—	1.45	[3]
26		北小河 STP 出水 DBE	104.5	—	1.05	[3]
27		高碑店 STP 出水 DTE	200.7	—	2.01	[3]
28		酒仙桥 STP 出水 DJE	58.7	—	0.59	[3]
29	排放	清河直接排放样 DQ1	78	—	0.78	[3]
30		清河直接排放样 DQ2	20.8	—	0.21	[3]
31		清河直接排放样 DQ3	0.8	—	0.01	[3]
32		坝河直接排放样 DB1	283.1	—	2.83	[3]
33		坝河直接排放样 DBB1	30.4	—	0.30	[3]
34		坝河直接排放样 DBB2	29.8	—	0.30	[3]
35		坝河直接排放样 DBB3	31.4	—	0.31	[3]
36		坝河直接排放样 DBB4	2.4	—	0.02	[3]
37		坝河直接排放样 DBB5	4.1	—	0.04	[3]
38		通惠河直接排放样 DT1	85.6	—	0.86	[3]
39		通惠河直接排放样 DT2	144.9	—	1.45	[3]
40		通惠河直接排放样 DT3	208	—	2.08	[3]
41		通惠河直接排放样 DT4	137.6	—	1.38	[3]
42	江水	邕江	ND～6.08	—	<0.06	[20]

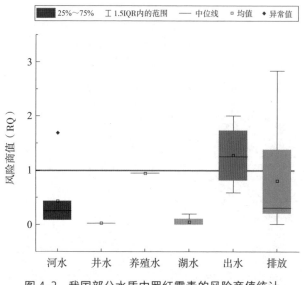

图 4-2 我国部分水质中罗红霉素的风险商值统计

（2）沉积物环境

将我国部分地区淡水沉积物中罗红霉素的暴露浓度与本书推导的罗红霉素 PNEC$_{沉积物}$值（0.093 9 mg/kg）相比较（表 4-4）。结果显示，我国大部分地区淡水沉积物中红霉素的暴露浓度均低于 PNEC$_{沉积物}$值，表明我国大部分地区淡水沉积物中罗红霉素的生态风险处于可接受水平。但江河流域中的部分淡水沉积物中罗红霉素的最高浓度超过了 PNEC$_{沉积物}$值，如少数白洋淀的沉积物暴露浓度最高可达 302 ng/g，是罗红霉素 PNEC$_{沉积物}$值的 3.22 倍，高浓度罗红霉素可能会对底栖水生生物造成危害，值得关注。

表 4-4 我国部分沉积物中罗红霉素的含量

序号	沉积物利用类型	调查地	浓度范围 /（ng/g）	平均值 /（ng/g）	风险商值（RQ）	文献来源
1	江河流域	长江三角洲	<LOQ～3.6	—	<0.04	[10]
2		白洋淀	ND～302	—	<3.22	[11]
3		苕溪	0.1～1.2	—	0.001～0.01	[12]
4		黄河	ND～6.8	—	<0.07	[13]
5		海河	2.29～11.7	—	0.02～0.12	[13]

续表

序号	沉积物利用类型	调查地	浓度范围 / （ng/g）	平均值 / （ng/g）	风险商值 （RQ）	文献来源
6	江河流域	辽河	5.51～29.6	—	0.06～0.32	[13]
7		珠江	24.7～133	—	0.26～1.42	[14]
8	养殖	高淳中华绒螯蟹养殖塘沉积物 1	0.049 6	ND	<1	[21]
9		高淳中华绒螯蟹养殖塘沉积物 2	0.054～7	ND	<1	[21]
10		金坛中华绒螯蟹养殖塘沉积物 1	ND	ND	<1	[21]
11		金坛中华绒螯蟹养殖塘沉积物 2	ND	ND	<1	[21]
12		天津市养猪场（春）	4.33～11.55	5.85	0.06	[22]
13		天津市养猪场（夏）	ND～1.00	0.55	0.006	[22]
14		天津市养猪场（秋）	ND～14.18	14.05	0.15	[22]
15		天津市养猪场（冬）	ND～14.00	14	0.15	[22]

4.2.1.3 克拉霉素

（1）淡水环境

将我国部分地区各类型水质中克拉霉素的暴露浓度与本书推导的克拉霉素 $PNEC_水$ 值（0.2 μg/L）相比较（表 4-5）。结果显示，各类水质中克拉霉素的检出率相对较高，但暴露浓度较低，所有水质的克拉霉素风险商值均未超过 1，表明我国大部分地区淡水环境中克拉霉素浓度处于可接受水平。在各类水质类型中，污水处理厂的排放出水的克拉霉素浓度最高，但其克拉霉素风险商值均小于 0.21，其生态毒性风险属于可接受水平。

表 4-5　我国部分水质中克拉霉素的含量

序号	水质利用类型	调查地	浓度范围 /（ng/L）	平均值 /（ng/L）	风险商值（RQ）	文献来源
1	养殖水	高淳中华绒螯蟹养殖塘 1	0～1.65	ND	<1	［15］
2		高淳中华绒螯蟹养殖塘 2	0～4.74	ND	<1	［15］
3		金坛中华绒螯蟹养殖塘 1	ND	ND	<1	［15］
4		金坛中华绒螯蟹养殖塘 2	ND	ND	<1	［15］
5	河水	北京温榆河	1.3～46.3	13.1	0.07	［3］
6	出水	清河 STP 出水 DQE	28.5	—	0.14	［3］
7		北小河 STP 出水 DBE	40.8	—	0.20	［3］
8		高碑店 STP 出水 DTE	35.3	—	0.18	［3］
9		酒仙桥 STP 出水 DJE	42.3	—	0.21	［3］
10	排放	清河直接排放样 DQ1	20.3	—	0.10	［3］
11		清河直接排放样 DQ2	6.3	—	0.03	［3］
12		清河直接排放样 DQ3	0.2	—	0.001	［3］
13		坝河直接排放样 DB1	27.7	—	0.14	［3］
14		坝河直接排放样 DBB1	2.3	—	0.01	［3］
15		坝河直接排放样 DBB2	29.6	—	0.15	［3］
16		坝河直接排放样 DBB3	2.9	—	0.015	［3］
17		坝河直接排放样 DBB4	0.4	—	0.002	［3］
18		坝河直接排放样 DBB5	1.3	—	0.007	［3］
19		通惠河直接排放样 DT1	27.3	—	0.14	［3］
20		通惠河直接排放样 DT2	5.2	—	0.03	［3］
21		通惠河直接排放样 DT3	4.7	—	0.02	［3］
22		通惠河直接排放样 DT4	5.6	—	0.03	［3］
23	江河	小清河	2.18～7.33	3.88	0.02	［5］
24		邕江	ND～5.85	—	<0.03	［20］

（2）沉积物环境

将我国部分地区淡水沉积物中克拉霉素的暴露浓度与本书推导的克拉霉

素 PNEC_{沉积物}值（0.259 mg/kg）相比较（表 4-6）。结果显示，调查范围内所有地区淡水沉积物中克拉霉素的暴露浓度均低于 PNEC_{沉积物}值，表明调查范围内的淡水沉积物中克拉霉素浓度均处于可接受水平。相比于养殖塘（ND 未检出），养猪场的淡水沉积物克拉霉素的暴露浓度（3.73～22.26 ng/g）更高，但其克拉霉素风险商值均小于 0.09，其生态毒性风险属于可接受水平。

表 4-6　我国部分沉积物中克拉霉素的含量

序号	调查地	浓度范围 /（ng/g）	平均值 /（ng/g）	风险商值（RQ）	文献来源
1	高淳中华绒螯蟹养殖塘沉积物 1	0.060 0	ND	<1	［21］
2	高淳中华绒螯蟹养殖塘沉积物 2	0.058 2	ND	<1	［21］
3	金坛中华绒螯蟹养殖塘沉积物 1	ND	ND	<1	［21］
4	金坛中华绒螯蟹养殖塘沉积物 2	ND	ND	<1	［21］
5	天津市养猪场（春）	ND～3.80	3.73	0.01	［22］
7	天津市养猪场（夏）	4～37	12.63	0.05	［22］
8	天津市养猪场（秋）	ND～22.48	22.26	0.09	［22］
9	天津市养猪场（冬）	ND～22.25	22.22	0.09	［22］

4.2.2　四环素类

4.2.2.1　四环素

（1）淡水环境

将我国部分地区各类型水质中四环素的暴露浓度与本书推导的四环素 PNEC_水值（0.115 μg/L）相比较（表 4-7、图 4-3）。结果显示，各类水质中四环素的检出率相对较高，但暴露浓度较低，除污水处理厂出水和贡湖湾水质外，其余类型的水质四环素风险商值均未超过 1，表明我国大部分地区淡水环境中四环素浓度处于可接受水平。部分点位的四环素浓度最大值高于四环素 $PNEC_水$ 值，如个别污水处理厂的四环素浓度高达 110 μg/L，是四环素 $PNEC_水$ 值的 957 倍，高浓度四环素可能会对水生生物造成危害，值得关注。

表 4-7　我国部分水质中四环素的含量

序号	水质利用类型	调查地	浓度范围 / （ng/L）	平均值 / （ng/L）	风险商值 （RQ）	文献来源
1	湖水	淀山湖表层水（春）	0.22～5.49	0.94	0.01	［8］
2		淀山湖表层水（夏）	0.19～0.35	24	0.21	［8］
3		淀山湖表层水（秋）	0.19～0.28	0.23	0.002	［8］
4		淀山湖表层水（冬）	0.19～11.56	2.84	0.02	［8］
5		大通湖水体	ND～4.01	1.65	0.01	［23］
6		乌伦古湖	0.69～4.7	1.22	0.01	—
7		博斯腾湖	ND～2.84	0.45	0.004	—
8	—	贡湖湾	0～1 850	—	＜16.1	［19］
9	出水	污水处理厂	ND～110 000	—	＜957	［2］
10	河水	大辽河表层水	ND～0.015 μg/L	14	0.12	［16］
11	养殖水	养猪场排污渠 A	0.899	—	0.008	［24］
12		养猪场排污渠 B	0.13	—	0.001	［24］
13		养猪场排污渠 C	0.068	—	0.000 6	［24］
14		养猪场排污渠 D	0.078	—	0.000 7	［24］
15		养猪场排污渠 E	0.044	—	0.000 4	［24］
16		养猪场排污渠 F	0.209	—	0.002	［24］
17		养猪场排污渠 G	0.04	—	0.000 3	［24］
18		养猪场排污渠 H	0.037	—	0.000 3	［24］
19		养猪场排污渠 I	0.043	—	0.000 4	［24］
20		养猪场排污渠 J	0.081	—	0.000 7	［24］
21		养猪场排污渠 K	0.053	—	0.000 5	［24］
22		养猪场排污渠 L	0.056	—	0.000 5	［24］

续表

序号	水质利用类型	调查地	浓度范围 /（ng/L）	平均值 /（ng/L）	风险商值（RQ）	文献来源
23	江水	九龙江	<15	—	<0.13	—
24		黄浦江	ND～113.89	—	<0.99	[25]
25		长江河口	ND～2.37	—	<0.02	[26]
26		黄浦江	0.44～2.69 µg/L	—	0.004～0.02	[27]
27	井水	毕节甘家湾垃圾填埋场周边民用	ND～7.51	1.15	0.01	[1]
28		毕节甘家湾垃圾填埋场周边民用	20.32～98.27	45.17	0.39	[1]
29	流域	半岛诸河	ND～5.68	2.55	0.02	[4]
30		小清河	ND～117	34.9	0.30	[4]
31		海河	ND～239	81.2	0.71	[4]
32		淮河	ND～53.8	7.66	0.07	[4]
33	排污口	北方地区陆源入海口	0.032～1.114 µg/L	—	0.28～9.69	[28]
34	水库	东源区水环境	ND～111.46	—	<0.97	[29]
35		青草沙水库	4.1～35.9	—	0.04～0.31	[30]
36	河水	北京温榆河	ND～90.7	3.6	0.03	[3]
37	出水	清河 STP 出水 DQE	12.6	—	0.11	[3]
38		北小河 STP 出水 DBE	11.5	—	0.10	[3]
39		高碑店 STP 出水 DTE	15.8	—	0.14	[3]
40		酒仙桥 STP 出水 DJE	32.5	—	0.28	[3]
41	排放	清河直接排放样 DQ1	5.3	—	0.05	[3]
42		清河直接排放样 DQ2	2.2	—	0.02	[3]
43		清河直接排放样 DQ3	ND	—	<1	[3]
44		坝河直接排放样 DB1	11.5	—	0.10	[3]
45		坝河直接排放样 DBB1	15.8	—	0.14	[3]
46		坝河直接排放样 DBB2	16.1	—	0.14	[3]
47		坝河直接排放样 DBB3	1.6	—	0.014	[3]
48		坝河直接排放样 DBB4	7.7	—	0.07	[3]

续表

序号	水质利用类型	调查地	浓度范围 /（ng/L）	平均值 /（ng/L）	风险商值（RQ）	文献来源
49	排放	坝河直接排放样 DBB5	0.9	—	0.008	[3]
50		通惠河直接排放样 DT1	7.6	—	0.07	[3]
51		通惠河直接排放样 DT2	7.1	—	0.06	[3]
52		通惠河直接排放样 DT3	89.4	—	0.78	[3]
53		通惠河直接排放样 DT4	67.2	—	0.58	[3]

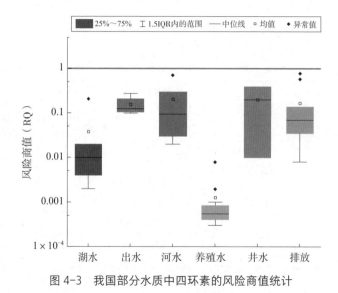

图 4-3　我国部分水质中四环素的风险商值统计

（2）沉积物环境

将我国部分地区淡水沉积物中四环素的暴露浓度与本书推导的四环素 PNEC$_{沉积物}$值（0.423 mg/kg）相比较（表 4-8）。结果显示，我国大部分地区淡水沉积物中四环素的暴露浓度均低于 PNEC$_{沉积物}$值，表明我国大部分地区淡水沉积物中四环素的生态风险处于可接受水平。江河流域的沉积物中四环素的暴露浓度均小于 PNEC 值，其生态毒性风险均处于可接受水平。但养殖场中部分淡水沉积物中四环素浓度最大值高于 PNEC 值，沉积物暴露浓度最高可达 163.62 mg/kg，是四环素 PNEC$_{沉积物}$值的 387 倍，高浓度四环素可能会对局部底栖水生生物造成危害，值得关注。

表 4-8　我国部分沉积物中四环素的含量

序号	沉积物利用类型	调查地	浓度范围 / (mg/kg)	平均值 / (ng/g)	风险商值 (RQ)	文献来源
1	养猪场	佛岗市龙山镇养猪场	38.24	ND	<1	[31]
2		清远市石角镇养猪场	70.55	ND	<1	[31]
3		广州增城市中新镇养猪场	60.52	ND	<1	[31]
4		广州新塘镇养猪场	7.14	ND	<1	[31]
5		从化市石岭镇养猪场	44.46	ND	<1	[31]
6		三水市养猪场	27.20	ND	<1	[31]
7		新兴市蕲竹镇养猪场	52.30	ND	<1	[31]
8		新丰市板岭镇养猪场	34.23	ND	<1	[31]
9		东莞市横沥镇养猪场	59.02	ND	<1	[31]
10		清远市莲塘镇养猪场	45.79	ND	<1	[31]
11		乳源市龙南镇养猪场	101.82	ND	<1	[31]
12		广州增城市福新镇养猪场	38.77	ND	<1	[31]
13		广州增城市福和镇养猪场（春）	88.71	ND	<1	[31]
14		广州增城市福和镇养猪场（夏）	48.16	ND	<1	[31]
15		广州增城市福和镇养猪场（秋）	35.24	ND	<1	[31]
16		广州增城市福和镇养猪场（冬）	27.14	ND	<1	[31]
17		广州增城市广三保养猪场（春）	41.06	ND	<1	[31]
18		广州增城市广三保养猪场（夏）	163.62	ND	<1	[31]

续表

序号	沉积物利用类型	调查地	浓度范围/（mg/kg）	平均值/（ng/g）	风险商值（RQ）	文献来源
19	养猪场	广州增城市广三保养猪场（秋）	38.63	ND	<1	[31]
20		广州增城市广三保养猪场（冬）	23.80	ND	<1	[31]
21		长江三角洲	<LOQ～6.8 ng/g	—	<0.02	[32]
22		苕溪	0.1～55.7 ng/g	—	0.000 2～0.13	[33]
23		大沽河	ND～7.9 ng/g	—	<0.02	[34]
24	江河	黄河	ND～18.0 ng/g	—	<0.04	[35]
25		海河	2.0～135 ng/g	—	0.005～0.32	[35]
26		辽河	ND～4.82 ng/g	—	<0.01	[35]
27		珠江	4.05～72.6 ng/g	—	0.01～0.17	[36]
28		辽河	ND～652 μg/kg	ND	<1	[37]
29		粪尿	1	ND	<1	[38]
30	畜禽废物	畜禽废物	23	ND	<1	[39]
31		畜禽废物	0～121.78	ND	<1	[40]
32	养鸡场	三水市养鸡场	80.51	ND	<1	[31]
33		新兴市簕竹镇养鸡场	76.93	ND	<1	[31]

注：ND 为未检出。

（3）土壤环境

根据收集的四环素土壤暴露浓度，结合推导的 $PNEC_{土壤}$ 值，计算我国部分地区土壤中四环素的 RQ 值，结果分别如表 4-9 和图 4-4 所示。结果显示，15 个省（市）和区域中有 4 个省（市）的土壤 RQ>1，RQ 值由大到小依次为上海>四川>辽宁>山东，这些地区土壤存在潜在生态风险，值得关注。此外，珠江三角洲、北京、天津和浙江的土壤环境中的四环素最大值超过本书推导出的 $PNEC_{土壤}$ 值 0.057 mg/kg。部分地区土壤环境中四环素的暴露浓度最大值可达 4 835.25 ng/g，是四环素 $PNEC_{土壤}$ 值的 84.8 倍，具有较高的潜在生态毒性风险。

表 4-9　我国部分土壤中四环素的含量

序号	土地利用类型	调查地	浓度范围 /（ng/g）	平均值 /（ng/g）	风险商值（RQ）	文献来源
1		广州市城郊	ND～6.605 3	0.848 9	0.01	[43]
2		四川彭州	13～984	262	4.60	[44]
3		云南晋宁	0.9～2.9	2	0.04	[45]
4		广东广州	ND～3.97	1.13	0.02	[46]
5		广东东莞	ND～30.37	5.64	0.10	[47]
6		广东东莞	0.16～25.66	2.67	0.05	[48]
7		广东惠州	0.1～14.4	2.81	0.05	[49]
8		广东东莞	ND～7.24	1.32	0.02	[50]
9		珠江三角洲	ND～74.4	44.1	0.77	[51]
10		珠江三角洲	ND～4.9	0.63	0.01	[50]
11	菜地	上海青浦	1～1.5	1.2	0.02	[45]
12		江苏南京	1～47.6	3.11	0.05	[45]
13		江苏南京	0.97～48.9	—	0.02～0.86	[52]
14		江苏徐州	1.3～249	27.4	0.48	[45]
15		江苏徐州	ND～763	26	0.46	[53]
16		山东寿光	ND～55.2	9.2	0.16	[54]
17		山东寿光	ND～7.8	1.3	0.02	[55]
18		山东	2.11～139.2	29.3	0.51	[56]
19		北京	ND～22	4.77	0.07	[57]
20		北京	ND～17.66	—	<0.31	[58]
21		天津	2.5～105	—	0.04～1.84	[59]

序号	土地利用类型	调查地	浓度范围 / (ng/g)	平均值 / (ng/g)	风险商值 (RQ)	文献来源
22	农田	福建厦门	ND～58.1	—	＜1.02	[60]
23		福建泉州	ND～45.4	—	＜0.80	[60]
24		福建莆田	ND～189.8	23.8	0.42	[60]
25		福建福州	ND	—	＜1	[60]
26		浙江杭州	ND～36.8	4.46	0.08	[61]
27		云南洱海	—	—		[62]
28		天津	ND～196.7	28.9	0.51	[63]
29		浙江北部	ND～553	107	1.88	[64]
30		上海	1 870～2 450	2 233	39.2	[65]
31		上海崇明	—	21.7	0.38	[66]
32		天津、北京	—	—	—	[67]
33		辽宁沈阳	29.51～976.2	240.69	4.22	[68]
34	耕地	天津	178～3 867	—	3.12～67.8	[59]
35		天津	2.5	—	0.04	[56]
36		山东	26.79～1 010.11	274	4.81	[69]
37		长江三角洲	ND～809	34.9	0.61	[70]
38		宁波	ND～373.17	41.43	0.73	[71]
39		珠江三角洲	ND～242.6	84.8	1.49	[71]
40	园地	宁波市郊区	ND～25.75	2.49	0.04	[70]
41		宁波市海曙区	ND～25.754	2.491	0.04	[72]
42	林地	宁波市郊区	ND～1.84	0.12	0.002	[70]
43		宁波市海曙区	ND～2.358	0.122	0.002	[72]
44	土壤	北京	6.1～430	102	1.79	[57]
45		北京	5.1～58	20	0.35	[57]
46		沈阳	66.47～4 835.25	—	1.17～84.8	[68]
47		江西	ND～5.67	0.69	0.01	[73]
48	葡萄园	浙江杭州	0.28～2.75	—	0.005～0.05	[74]
49		河北张家口	ND～135.94	6.54	0.11	[75]

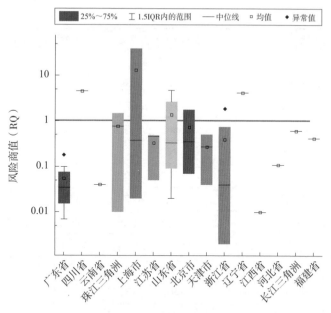

图 4-4　我国部分土壤中四环素的风险商值统计

4.2.2.2　土霉素

（1）淡水环境

将我国部分地区各类型水质中土霉素的暴露浓度与本书推导的土霉素 $PNEC_水$ 值（4.93 μg/L）相比较（表 4-10、图 4-5）。结果显示，各类水质中土霉素的检出率相对较高，但暴露浓度整体较低，除个别养殖水水质，其余大部分水质的土霉素风险商值均未超过 1，表明我国大部分地区淡水环境中土霉素浓度处于可接受水平。由于此类抗生素具有较高的分配系数，容易吸附在悬浮物或沉积物中，在水质中检出的频率和暴露浓度相对较低。

表 4-10　我国部分水质中土霉素的含量

序号	水质利用类型	调查地	浓度范围 / （ng/L）	平均值 / （ng/L）	风险商值 （RQ）	文献来源
1	湖水	贡湖湾	ND～4 720	—	<0.96	[19]
2		淮河入洪泽湖口	ND	ND	<1	[2]
3		淀山湖表层水春	35	43.63	0.009	[8]

续表

序号	水质利用类型	调查地	浓度范围 /（ng/L）	平均值 /（ng/L）	风险商值（RQ）	文献来源
4	湖水	淀山湖表层水夏	0.03～0.26	13	0.003	[8]
5		淀山湖表层水秋	0.02～11.72	1.74	0.000 4	[8]
6		淀山湖表层水冬	0.01～8.17	2.23	0.000 5	[8]
7		大通湖水体	ND～3.66	0.68	0.000 1	[23]
8		乌伦古湖	<LOQ～9.89	3.15	0.000 6	—
9		博斯腾湖	ND～6.67	2.99	0.000 6	—
10	出水	中国污水处理厂	ND～2 100	—	<0.43	[2]
11	河水	大辽河表层水	ND～0.137 μg/L	0.115 μg/L	0.023	[16]
12		大辽河	ND～137	—	<0.03	[76]
13		玉带河	ND～1 300	—	<0.26	[77]
14		长江河口	ND～22.5	—	<0.005	[26]
15	养殖水	杭州 C 出养猪污水	5 248	—	1.06	[78]
16		杭州 C 出养猪污水	175	—	0.04	[78]
17	水库	东源区水环境	ND～135.45	—	<0.04	[29]
18		青草沙水库	ND	—	<1	[30]
19	江水	黄浦江	ND～219.8	—	<0.04	[25]
20		九龙江	<5.08	—	<0.001	—
21	井水	毕节甘家湾垃圾填埋场周边民用	10.36～44.71	19.75	0.004	[1]
22	河水	半岛诸河	ND～18.0	3.36	0.000 7	[4]
23		小清河	ND～13.1	3.44	0.000 7	[4]
24		海河	7.54～129	39.2	0.008	[4]
25		淮河	ND～66.0	6.09	0.001	[4]
26		北京温榆河	ND～110.2	14.3	0.003	[3]
27	出水	清河 STP 出水 DQE	41.1	—	0.008	[3]
28		北小河 STP 出水 DBE	48.9	—	0.010	[3]
29		高碑店 STP 出水 DTE	74	—	0.015	[3]
30		酒仙桥 STP 出水 DJE	214.3	—	0.043	[3]

续表

序号	水质利用类型	调查地	浓度范围 / （ng/L）	平均值 / （ng/L）	风险商值 （RQ）	文献来源
31		清河直接排放样 DQ1	26.1	—	0.005	[3]
32		清河直接排放样 DQ2	9.8	—	0.002	[3]
33		清河直接排放样 DQ3	ND	—	＜1	[3]
34		坝河直接排放样 DB1	48.9	—	0.010	[3]
35		坝河直接排放样 DBB1	704.9	—	0.143	[3]
36		坝河直接排放样 DBB2	47.2	—	0.010	[3]
37	排放	坝河直接排放样 DBB3	26.1	—	0.005	[3]
38		坝河直接排放样 DBB4	4.3	—	0.001	[3]
39		坝河直接排放样 DBB5	9.4	—	0.002	[3]
40		通惠河直接排放样 DT1	30.7	—	0.006	[3]
41		通惠河直接排放样 DT2	33.3	—	0.007	[3]
42		通惠河直接排放样 DT3	153.5	—	0.031	[3]
43		通惠河直接排放样 DT4	42.5	—	0.009	[3]

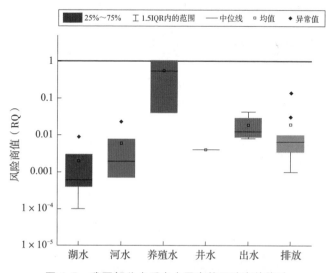

图 4-5　我国部分水质中土霉素的风险商值统计

（2）沉积物环境

将我国部分地区淡水沉积物中土霉素的暴露浓度与本书推导的土霉素 PNEC$_{沉积物}$值（17.8 mg/kg）相比较（表 4-11）。结果显示，研究范围内我国所有地区淡水沉积物中土霉素的暴露浓度均低于 PNEC$_{沉积物}$值，表明我国大部分地区淡水沉积物中土霉素的生态风险处于可接受水平。江河流域的沉积物中土霉素的暴露浓度均小于 PNEC$_{沉积物}$值，其生态毒性风险均处于可接受水平。但养殖场中部分淡水沉积物中土霉素浓度最大值高于 PNEC$_{沉积物}$值，沉积物暴露浓度最高可达 900 mg/kg，是土霉素 PNEC$_{沉积物}$值的 50.6 倍，高浓度土霉素可能会对局部底栖水生生物造成危害，值得关注。

表 4-11　我国部分沉积物中土霉素的含量

序号	沉积物利用类型	调查地	浓度范围/（mg/kg）	平均值/（ng/g）	风险商值（RQ）	文献来源
1		佛岗市龙山镇养猪场	113.07	ND	<1	[31]
2		清远市石角镇养猪场	155.78	ND	<1	[31]
3		广州增城市中新镇养猪场	213.36	ND	<1	[31]
4		广州新塘镇养猪场	ND	ND	<1	[31]
5		从化市石岭镇养猪场	97.44	ND	<1	[31]
6		三水市养猪场	172.07	ND	<1	[31]
7		新兴市籛竹镇养猪场	40.55	ND	<1	[31]
8		新丰市板岭镇养猪场	16.50	ND	<1	[31]
9	养猪场	东莞市横沥镇养猪场	64.97	ND	<1	[31]
10		清远市莲塘镇养猪场	105.45	ND	<1	[31]
11		乳源市龙南镇养猪场	26.53	ND	<1	[31]
12		广州增城市福新镇养猪场	102.74	ND	<1	[31]
13		广州增城市福和镇养猪场（春）	229.16	ND	<1	[31]
14		广州增城市福和镇养猪场（夏）	71.85	ND	<1	[31]
15		广州增城市福和镇养猪场（秋）	62.76	ND	<1	[31]

序号	沉积物利用类型	调查地	浓度范围 / （mg/kg）	平均值 / （ng/g）	风险商值（RQ）	文献来源
16	养猪场	广州增城市福和镇养猪场（冬）	48.84	ND	<1	[31]
17		广州增城市广三保养猪场（春）	227.51	ND	<1	[31]
18		广州增城市广三保养猪场（夏）	92.02	ND	<1	[31]
19		广州增城市广三保养猪场（秋）	33.74	ND	<1	[31]
20		广州增城市广三保养猪场（冬）	18.98	ND	<1	[31]
21	养殖塘	高淳中华绒螯蟹养殖塘沉积物 1	0.288 8 ng/g	ND	<1	[41]
22		高淳中华绒螯蟹养殖塘沉积物 2	0.225 2 ng/g	ND	<1	[41]
23		金坛中华绒螯蟹养殖塘沉积物 1	ND	ND	<1	[41]
24		金坛中华绒螯蟹养殖塘沉积物 2	ND	ND	<1	[41]
25		鱼塘沉积物	0.1～10	—	0.006～0.562	[79]
26	养鸡场	三水市养鸡场	120.71	ND	<1	[31]
27		新兴市籣竹镇养鸡场	165.39	ND	<1	[31]
28	江河	长江三角洲	0.3～14.0 ng/g	—	0.000 02～0.000 8	[32]
29		苕溪	0.7～276.6 ng/g	—	0.000 04～0.016	[33]
30		黄河	ND～184 ng/g	—	<0.010	[35]
31		海河	2.52～422 ng/g	—	0.000 14～0.024	[35]
32		辽河	2.34～652 ng/g	—	0.000 13～0.037	[35]

序号	沉积物利用类型	调查地	浓度范围 /（mg/kg）	平均值 /（ng/g）	风险商值（RQ）	文献来源
33	江河	珠江	7.15～196 ng/g	—	0.000 04～0.011	[36]
34		子牙新河河口	ND～4 695 µg/kg	ND	<1	—
35		海河	ND～422 µg/kg	ND	<1	[35]
36	养殖场	水产养殖底泥	400～900	ND	<1	—
37	养殖场	畜禽废物	29	ND	<1	[39]
38		畜禽废物	0～134.75	ND	<1	[40]
39		网箱养殖场底泥	0.5～4	—	0.028～0.225	[38]

（3）土壤环境

根据收集的土壤中土霉素暴露浓度，结合推导的 PNEC$_{土壤}$ 值，计算我国部分地区土壤中土霉素的 RQ 值，结果分别如表 4-12 和图 4-6 所示。结果显示，除上海农田土壤外，我国大部分地区土壤中土霉素的暴露浓度均低于 PNEC$_{沉积物}$ 值，表明我国大部分地区土壤中土霉素的生态风险处于可接受水平。但部分上海农田土壤中罗红霉素的最高浓度和平均浓度均超过了 PNEC$_{土壤}$ 值，暴露浓度最高可达 4 240 ng/g，是土霉素 PNEC$_{土壤}$ 值的 1.34 倍，即存在潜在生态毒性风险，值得关注。

表 4-12　我国部分土壤中土霉素的含量

序号	土地利用类型	调查地	浓度范围 /（ng/g）	平均值 /（ng/g）	风险商值（RQ）	文献来源
1	菜地	四川彭州	ND～6.605 3	0.848 9	0.000 3	[44]
2		云南晋宁	2.8～47	12.5	0.004	[45]
3		广东广州	ND～46.62	6.59	0.002	[46]
4		广东东莞	ND～903.13	38.39	0.012	[47]
5		广东东莞	0.04～31.9	2.38	0.000 8	[48]
6		广东惠州	ND～6.5	1.6	0.000 5	[49]
7		广东东莞	ND～103.4	8.95	0.003	[50]
8		珠江三角洲	ND～79.7	9.6	0.003	[51]

续表

序号	土地利用类型	调查地	浓度范围 / （ng/g）	平均值 / （ng/g）	风险商值 （RQ）	文献来源
9	菜地	珠江三角洲	0.71～11.62	2.74	0.001	[50]
10		上海青浦	2～47.3	13.4	0.004	[45]
11		江苏南京	1.73～432	—	0.000 5～0.137	[52]
12		江苏南京	1.7～238.5	22.81	0.007	[45]
13		江苏徐州	1～8 400	397.6	0.126	[45]
14		江苏徐州	ND～3 511	34.4	0.011	[53]
15		山东寿光	ND～76.3	20.3	0.006	[54]
16		山东寿光	ND～34.7	2.15	0.000 7	[55]
17		山东	6.06～332.02	107.2	0.034	[56]
18		北京	ND～423	69	0.022	[57]
19		广州市城郊	2.178 3～33.853 5	15.852 2	0.005	[43]
20	农田	福建厦门	44.7～219.1	46.6	0.015	[60]
21		福建泉州	8.3～23.1	12.8	0.004	[60]
22		福建莆田	7.2～613.2	34.5	0.011	[60]
23		福建福州	11.3～79.5	23.5	0.007	[60]
24		浙江杭州	0.48～6.72	—	0.000 2～0.002	[74]
25		浙江杭州	ND～1 324	67.91	0.021	[61]
26		天津	ND～2 683	—	<0.000 8	[59]
27		天津	ND～105.6	9.3	0.003	[63]
28		北京	ND～41.3	10.24	0.003	[58]
29		云南洱海	ND	ND	<1	[62]
30		江西	8.89～50.92	21.59	0.007	[73]
31		浙江北部	ND～5 172	350	0.111	[64]
32		上海	3 410～4 240	3 890	1.23	[65]
33		上海崇明	—	17.1	0.005	[66]
34		天津、北京	ND～111.8	—	<0.035	[67]
35		河北张家口	1.45～92.16	13.32	0.004	[75]
36		辽宁沈阳	17.62～1 398.47	608.82	0.193	[68]

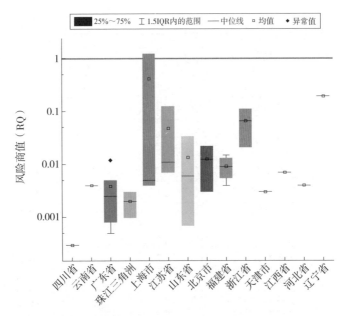

图 4-6　我国部分土壤中土霉素的风险商值统计

4.2.2.3　金霉素

（1）淡水环境

将我国部分地区各类型水质中金霉素的暴露浓度与本书推导的金霉素 PNEC$_水$值（0.24 μg/L）相比较（表 4-13、图 4-7）。结果显示，各类水质中金霉素的检出率相对较高，但暴露浓度较低，大部分水质的金霉素风险商值均小于 1，表明我国大部分地区淡水环境中金霉素浓度处于可接受水平。部分点位的金霉素浓度高于金霉素 PNEC$_水$值，如污水处理厂中金霉素最高浓度达 1 100 ng/L，是金霉素 PNEC$_水$值的 4.58 倍，高浓度金霉素可能会对水生生物造成危害，值得关注。

表 4-13　我国部分水质中金霉素的含量

序号	水质利用类型	调查地	浓度范围 /（ng/L）	平均值 /（ng/L）	风险商值（RQ）	文献来源
1	湖水	淀山湖表层水春	0.18～18.46	7.08	2.95×10^{-2}	[8]
2		淀山湖表层水夏	0.01～0.08	3	1.25×10^{-2}	[8]

续表

序号	水质利用类型	调查地	浓度范围 / (ng/L)	平均值 / (ng/L)	风险商值 (RQ)	文献来源
3		淀山湖表层水秋	0.1～6.19	0.89	3.71×10^{-3}	[8]
4		淀山湖表层水冬	0.05～58.63	18.04	7.52×10^{-2}	[8]
5	湖水	大通湖水体	ND～10.44	3.92	1.63×10^{-2}	[23]
6		乌伦古湖	ND～6.67	1.54	6.42×10^{-3}	—
7		博斯腾湖	ND～3.11	1.03	4.29×10^{-3}	—
8	出水	污水处理厂	ND～1 100	—	4.58	[2]
9	河水	大辽河表层水	ND～38	23	9.58×10^{-2}	[16]
10		养猪场排污渠 A	0.731	—	3.05×10^{-3}	[24]
11		养猪场排污渠 B	0.357	—	1.49×10^{-3}	[24]
12		养猪场排污渠 C	0.402	—	1.68×10^{-3}	[24]
13		养猪场排污渠 D	0.467	—	1.95×10^{-3}	[24]
14		养猪场排污渠 E	0.383	—	1.60×10^{-3}	[24]
15	养殖水	养猪场排污渠 F	0.424	—	1.77×10^{-3}	[24]
16		养猪场排污渠 G	0.544	—	2.27×10^{-3}	[24]
17		养猪场排污渠 H	0.663	—	2.76×10^{-3}	[24]
18		养猪场排污渠 I	0.558	—	2.33×10^{-3}	[24]
19		养猪场排污渠 J	0.48	—	2.00×10^{-3}	[24]
20		养猪场排污渠 K	0.505	—	2.10×10^{-3}	[24]
21		养猪场排污渠 L	0.543	—	2.26×10^{-3}	[24]
22	江水	九龙江	<61.15		2.55×10^{-1}	—
23	井水	毕节甘家湾垃圾填埋场周边民用	ND～12.19	5.94	2.48×10^{-2}	[1]
24		半岛诸河	ND～2.84	—	1.18×10^{-2}	[4]
25	流域	小清河	ND～12.3	3.13	1.30×10^{-2}	[4]
26		海河	3.21～11.3	5.96	2.48×10^{-2}	[4]
27		淮河	ND～4.75	—	1.98×10^{-2}	[4]
28	排污口	北方地区陆源入海口	14～149	—	—	[28]
29	养殖水	环鄱阳湖水产养殖区	162.68	—	6.78×10^{-1}	[6]

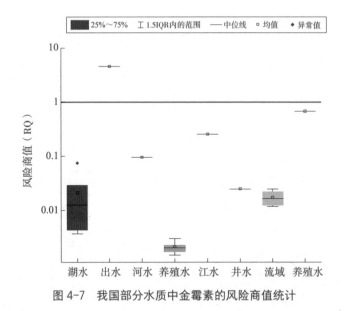

图 4-7 我国部分水质中金霉素的风险商值统计

（2）沉积物环境

将我国部分沉积物中金霉素的暴露浓度与本书推导的金霉素 PNEC$_{沉积物}$值（0.197 mg/kg）相比较（表 4-14、图 4-8）。结果显示，各类沉积物中金霉素的检出率相对较高，但不同沉积物类型中暴露浓度差异较大，如猪场和鸡场沉积物中的金霉素风险商值均远大于 1，如新兴市籍竹镇养猪场沉积物中金霉素浓度为 346.85 mg/kg，是金霉素 PNEC$_{沉积物}$值的 1 760.66 倍，表明我国部分地区养殖场沉积物环境中金霉素处于高浓度水平。高浓度金霉素的沉积物环境可能会存在潜在生态环境风险，值得关注。江河沉积物环境中金霉素风险商值均小于 1，表明江河沉积物环境中金霉素浓度处于可接受水平。

表 4-14 我国部分沉积物中金霉素的含量

序号	沉积物利用类型	调查地	浓度范围 /（mg/kg）	平均值 /（ng/g）	风险商值（RQ）	文献来源
1	猪场	佛岗市龙山镇养猪场	44.79	—	227.36	[31]
2		清远市石角镇养猪场	165.08	—	837.97	[31]
3		广州增城市中新镇养猪场	173.65	—	881.47	[31]
4		广州新塘镇养猪场	4.55	—	23.10	[31]
5		从化市石岭镇养猪场	91.02	—	462.03	[31]
6		三水市养猪场	49.02	—	248.83	[31]

续表

序号	沉积物利用类型	调查地	浓度范围 / （mg/kg）	平均值 / （ng/g）	风险商值 （RQ）	文献来源
7	猪场	新兴市箪竹镇养猪场	346.85	—	1 760.66	[31]
8		新丰市板岭镇养猪场	13.52	—	68.63	[31]
9		东莞市横沥镇养猪场	257.70	—	1 308.12	[31]
10		清远市莲塘镇养猪场	ND	—	—	[31]
11		乳源市龙南镇养猪场	176.59	—	896.40	[31]
12		广州增城市福新镇养猪场	24.34	—	123.55	[31]
13		广州增城市福和镇养猪场（春）	165.04	—	837.77	[31]
14		广州增城市福和镇养猪场（夏）	243.82	—	1 237.66	[31]
15		广州增城市福和镇养猪场（秋）	107.35	—	544.92	[31]
16		广州增城市福和镇养猪场（冬）	89.79	—	455.79	[31]
17		广州增城市广三保养猪场（春）	38.06	—	193.20	[31]
18		广州增城市广三保养猪场（夏）	86.79	—	440.56	[31]
19		广州增城市广三保养猪场（秋）	34.72	—	176.24	[31]
20		广州增城市广三保养猪场（冬）	29.44	—	149.44	[31]
21	江河	长江三角洲	<LOQ～12.0 ng/g	—	<1	[32]
22		苕溪	6.5～131.6 ng/g	—	<1	[33]
23		黄河	ND	ND	<1	[35]
24		海河	ND～10.9 ng/g	—	<1	[35]
25		辽河	ND～32.5 ng/g	—	<1	[35]
26	鸡场	三水市养鸡场	57.05	—	289.59	[31]
27		新兴市箪竹镇养鸡场	41.61	—	211.22	[31]
28	养殖场	畜禽废物	29	—	147.21	[39]
29		畜禽废物	0～78.56	—	—	[40]
30		牛粪	4	—	20.30	—

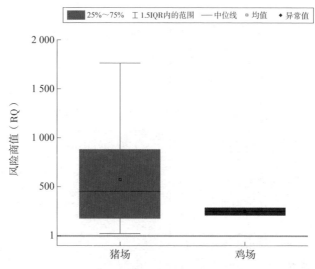

图 4-8　我国部分沉积物中金霉素的风险商值统计

（3）土壤环境

将我国部分地区各类型土壤中金霉素的暴露浓度与本书推导的金霉素 PNEC$_{土壤}$ 值（0.035 7 mg/kg）相比较（表 4-15、图 4-9）。结果显示，各类土壤中金霉素的检出率相对较高，但暴露浓度较低，土壤中的金霉素风险商值均未超过 1，表明我国大部分地区土壤环境中金霉素浓度处于可接受水平。

表 4-15　我国部分土壤中金霉素的含量

序号	土地利用类型	调查地	浓度范围 /（ng/g）	平均值 /（ng/g）	风险商值（RQ）	文献来源
1	菜地	四川彭州	ND～5 325	908	2.54×10^{-2}	[44]
2		云南晋宁	1.9～3.4	2.4	6.72×10^{-5}	[45]
3		广东广州	ND～20.19	3.93	1.10×10^{-4}	[46]
4		广东东莞	ND～103.02	8.92	2.50×10^{-4}	[47]
5		广东东莞	0.29～161.5	14.5	4.06×10^{-4}	[48]
6		广东惠州	0.32～39.43	4.7	1.32×10^{-4}	[49]
7		广东东莞	ND～76	5.13	1.44×10^{-4}	[50]
8		珠江三角洲	ND～104.6	31.1	8.71×10^{-4}	[51]
9		珠江三角洲	ND～4.35	0.87	2.44×10^{-5}	[50]

序号	土地利用类型	调查地	浓度范围 / （ng/g）	平均值 / （ng/g）	风险商值 （RQ）	文献来源
10	菜地	上海青浦	1.3 ~ 1.8	1.5	4.20×10^{-5}	[45]
11		江苏南京	ND ~ 102	—	2.86×10^{-3}	[52]
12		江苏南京	1.3 ~ 101.5	4.59	1.29×10^{-4}	[45]
13		江苏徐州	1.3 ~ 98	8.3	2.32×10^{-4}	[45]
14		江苏徐州	ND ~ 4 723	256	7.17×10^{-3}	[53]
15		山东寿光	ND ~ 46.3	7.71	2.16×10^{-4}	[54]
16		山东寿光	ND ~ 4.8	1.7	4.76×10^{-5}	[55]
17		山东	1.82 ~ 391.3	71.24	2.00×10^{-3}	[56]
18		北京	ND ~ 120	14.85	4.16×10^{-4}	[57]
19	农田	福建厦门	ND ~ 240	68.8*	1.93×10^{-3}	[60]
20		福建泉州	ND ~ 864	59.6*	1.67×10^{-3}	[60]
21		福建莆田	ND ~ 2 668.9	287.5*	8.05×10^{-3}	[60]
22		福建福州	ND ~ 58.8	29.7*	8.32×10^{-4}	[60]
23		浙江杭州	0.22 ~ 18.2	—		[74]
24		浙江杭州	ND ~ 15.8	2.16	6.05×10^{-5}	[61]
25		天津	ND ~ 1079	—	3.02×10^{-2}	[59]
26		天津	ND ~ 477.8	89.85	2.52×10^{-3}	[63]
27		北京	ND ~ 182.8	—	5.12×10^{-3}	[58]
28		云南洱海	ND ~ 5 520	1 031	2.89×10^{-2}	[62]
29		江西	ND ~ 46.62	2.83*	7.93×10^{-5}	[73]
30		浙江北部	ND ~ 588	119	3.33×10^{-3}	[64]
31		上海	—	—	—	[65]
32		上海崇明	—	42.4	1.19×10^{-3}	[66]
33		天津、北京	ND ~ 5.2	—	1.46×10^{-4}	[67]
34		河北张家口	ND ~ 52.53	7.96	2.23×10^{-4}	[75]
35		辽宁沈阳	8.29 ~ 1 590.16	717.57*	2.01×10^{-2}	[68]

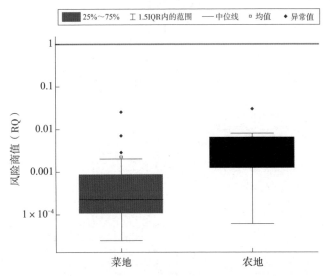

图 4-9　我国部分土壤中金霉素的风险商值统计

4.2.3　磺胺甲噁唑

（1）淡水环境

将我国部分地区各类型水质中磺胺甲噁唑的暴露浓度与本书推导的磺胺类 $PNEC_水$ 值（0.007 5 μg/L）相比较（表 4-16、图 4-10）。结果显示，各类水质中磺胺类的检出率相对较高，但暴露浓度有所差异。在养殖塘、养猪场和垃圾填埋场中磺胺类的暴露浓度相对较低，其风险商值均小于 1，表明这些地区淡水环境中磺胺类浓度处于可接受水平。在流域和进出水等淡水环境中，磺胺类的暴露浓度相对较高，大部分点位的风险商值均大于 1，如污水处理厂中磺胺类浓度最高达 4 000 ng/L，是磺胺类 $PNEC_水$ 值的 533.33 倍，高浓度磺胺类可能会对水生生物造成危害，值得关注。

表 4-16　我国部分水质中磺胺甲噁唑的含量

序号	水质利用类型	调查地	浓度范围 / （ng/L）	平均值 / （ng/L）	风险商值 （RQ）	文献来源
1	养殖塘	高淳中华绒螯蟹养殖塘沉积物 1	0.66	—	0.09	［80］
2		高淳中华绒螯蟹养殖塘沉积物 2	0.93	—	0.12	［80］
3		金坛中华绒螯蟹养殖塘沉积物 1	ND	—	—	［80］
4		金坛中华绒螯蟹养殖塘沉积物 2	ND	—	—	［80］
5	养猪场	养猪场排污渠 A	0.163	—	0.02	［81］
6		养猪场排污渠 B	0.13	—	0.02	［81］
7		养猪场排污渠 C	0.176	—	0.02	［81］
8		养猪场排污渠 D	0.161	—	0.02	［81］
9		养猪场排污渠 E	0.277	—	0.04	［81］
10		养猪场排污渠 F	0.321	—	0.04	［81］
11		养猪场排污渠 G	0.645	—	0.09	［81］
12		养猪场排污渠 H	1.203	—	0.16	［81］
13		养猪场排污渠 I	0.613	—	0.08	［81］
14		养猪场排污渠 J	0.623	—	0.08	［81］
15		养猪场排污渠 K	0.588	—	0.08	［81］
16		养猪场排污渠 L	0.596	—	0.08	［81］
17	垃圾填埋场	毕节甘家湾垃圾填埋场周边民用井水	ND～2.21	0.33	0.29	［82］
18		毕节甘家湾垃圾填埋场周边地下井水	ND	—	—	［82］
19		毕节甘家湾垃圾填埋场周边渗滤废水	ND	—	—	［82］

续表

序号	水质利用类型	调查地	浓度范围/（ng/L）	平均值/（ng/L）	风险商值（RQ）	文献来源
20		污水处理厂出水	ND～4 000	—	533.33	[83]
21		污水处理厂进水	183.1	—	24.41	[84]
22		AB 工艺出水	529.4	—	70.59	[84]
23		组合交替式活性污泥法出水	312.4	—	41.65	[84]
24	进出水	改良 A^2/O 活性污泥法出水	271.2	—	36.16	[84]
25		传统 A^2/O 工艺进水	273.9	—	36.52	[84]
26		传统 A^2/O 工艺出水	155.6	—	20.75	[84]
27		改良型 A/O 活性污泥法进水	413.4	—	55.12	[84]
28		改良型 A/O 活性污泥法出水	91.2	—	12.16	[84]
29		半岛诸河流域	ND～9.93	2.51	1.32	[85]
30	流域	小清河流域	ND～5.75	1.55	0.77	[85]
31		海河流域	ND～2.67	1.06	0.36	[85]
32		淮河流域	ND～41.8	8.44	5.57	[85]
33		九龙江入海口	ND～18.5	—	2.47	[86]
34		大通湖水体	ND～50.9	—	6.79	[87]
35		东湖	0.932 5 μg/L	—	124.33	[88]
36		红城湖	0.711 7 μg/L	—	94.89	[88]
37		金红玲公园人工湖	1.105 6 μg/L	—	147.41	[88]
38	水体	美舍河	0.441 8 μg/L	—	58.91	[88]
39		海甸五西路河段	1.199 6 μg/L	—	159.95	[88]
40		西湖	1.385 8 μg/L	—	184.77	[88]
41		鸭尾溪	1.234 0 μg/L	—	164.53	[88]
42		龙昆沟	0.858 7 μg/L	—	114.49	[88]
43		西丽水库丰水期	3.9	—	0.52	[89]

序号	水质利用类型	调查地	浓度范围 / （ng/L）	平均值 / （ng/L）	风险商值 （RQ）	文献来源
44	水体	西丽水库枯水期	6.3	—	0.84	[89]
45		小清河	9.43～845	134	17.87	[90]
46		杭州	2.66±5.65	—	—	[91]
47		宁波	2.48±6.08	—	—	[91]
48		嘉兴	5.52±5.16	—	—	[91]
49		温州	2.20±4.88	—	—	[91]
50		玉带河	ND～460	—	61.33	[92]
51	养殖	环鄱阳湖水产养殖区	298.51		39.80	[6]
52		典型配套养殖体系	188		25.07	[93]
53		天津大沽排污河	0.005～0.038 μg/L	—	—	[94]
54		环鄱阳湖水产养殖区	298.51			[95]
55	水体	九龙江口及厦门近海岸区	0.004～0.041 μg/L	—		[96]
56		乌伦古湖	ND～1.87	—	—	—
57		博斯腾湖	1.12～13.28	—	—	—
58		塔夫河	<LOQ～8	—	—	[97]
59		伊利河	<LOQ～4	—	—	[97]
60		大丰河	0.65～1.81	—	—	[98]
61		汉江	<5.82	—	—	[99]
62		九龙江	<5.60	—	—	[100]
63		莱茵河	544	—	—	[101]
64		珠江	0.037～0.193 μg/L	—	—	[96]

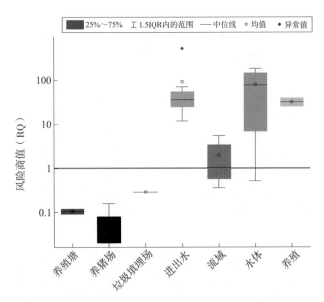

图 4-10　我国部分水质中磺胺甲噁唑的风险商值统计

（2）沉积物环境

将我国部分地区沉积物中磺胺甲噁唑的暴露浓度与本书推导的磺胺类 PNEC_沉积物值（0.011 5 mg/kg）相比较（表 4-17）。结果显示，沉积物中磺胺类的检出率相对较高，但暴露浓度较低，其磺胺类风险商值均小于 1，表明我国部分地区沉积物环境中磺胺类浓度处于可接受水平。

表 4-17　我国部分沉积物中磺胺甲噁唑的含量

序号	调查地	浓度范围 / （mg/kg）	平均值 / （ng/g）	风险商值 （RQ）	文献来源
1	天津市养猪场（春）	ND～28.33	27.73	2.41×10^{-3}	［102］
2	天津市养猪场（夏）	ND～3.67	2.48	2.16×10^{-4}	［102］
3	天津市养猪场（秋）	ND～4.58	3.89	3.38×10^{-4}	［102］
4	天津市养猪场（冬）	ND～5.75	5	4.35×10^{-4}	［102］
5	佛岗市龙山镇养猪场	7.66	—	6.66×10^{-4}	［103］
6	清远市石角镇养猪场	20.88	—	1.82×10^{-3}	［103］
7	广州增城市中新镇养猪场	10.29	—	8.95×10^{-4}	［103］
8	广州新塘镇养猪场	10.88	—	9.46×10^{-4}	［103］
9	从化市石岭镇养猪场	16.79	—	1.46×10^{-3}	［103］

续表

序号	调查地	浓度范围 /（mg/kg）	平均值 /（ng/g）	风险商值（RQ）	文献来源
10	三水市养猪场	1.63	—	1.42×10^{-4}	[103]
11	三水市养鸡场	ND	—	—	[103]
12	新兴市簕竹镇养鸡场	12.79	—	1.11×10^{-3}	[103]
13	新兴市簕竹镇养猪场	4.82	—	4.19×10^{-4}	[103]
14	新丰市板岭镇养猪场	7.61	—	6.62×10^{-4}	[103]
15	东莞市横沥镇养猪场	7.14	—	6.21×10^{-4}	[103]
16	清远市莲塘镇养猪场	7.67	—	6.67×10^{-4}	[103]
17	乳源市龙南镇养猪场	26.76	—	2.33×10^{-3}	[103]
18	广州增城市福新镇养猪场	8.43	—	7.33×10^{-4}	[103]
19	广州增城市福和镇养猪场（春）	25.99	—	2.26×10^{-3}	[103]
20	广州增城市福和镇养猪场（夏）	35.42	—	3.08×10^{-3}	[103]
21	广州增城市福和镇养猪场（秋）	27.37	—	2.38×10^{-3}	[103]
22	广州增城市福和镇养猪场（冬）	21.69	—	1.89×10^{-3}	[103]
23	广州增城市广三保养猪场（春）	43.01	—	3.74×10^{-3}	[103]
24	广州增城市广三保养猪场（夏）	4.92	—	4.28×10^{-4}	[103]
25	广州增城市广三保养猪场（秋）	33.12	—	2.88×10^{-3}	[103]
26	广州增城市广三保养猪场（冬）	39.50	—	3.43×10^{-3}	[103]
27	高淳中华绒螯蟹养殖塘沉积物1	0.033 9	—	2.95×10^{-6}	[104]
28	高淳中华绒螯蟹养殖塘沉积物2	ND	—	—	[104]
29	金坛中华绒螯蟹养殖塘沉积物1	ND	—	—	[104]
30	金坛中华绒螯蟹养殖塘沉积物2	ND	—	—	[104]
31	长江三角洲	ND～1.1	—	9.57×10^{-5}	[105]
32	白洋淀	ND～7.86	—	6.83×10^{-4}	[106]
33	苕溪	ND～0.3	—	2.61×10^{-5}	[107]
34	大沽河	ND～13.4	—	1.17×10^{-3}	[108]
35	黄河	ND	—	—	[109]
36	海河	ND	—	—	[109]
37	辽河	ND～<LOQ	—	—	[109]
38	珠江	ND～<LOQ	—	—	[110]

（3）土壤环境

将我国部分地区各类型土壤中磺胺类的暴露浓度与本书推导的磺胺类
PNEC$_{土壤}$值（0.005 43 mg/kg）相比较（表4-18、图4-11）。结果显示，各类
土壤中磺胺类的检出率相对较高，但暴露浓度较低，土壤的磺胺类风险商值
均未超过1，表明我国大部分地区土壤环境中磺胺类浓度处于可接受水平。

表4-18　我国部分土壤中磺胺类的含量

序号	土地利用类型	调查地	浓度范围/（ng/g）	平均值/（ng/g）	风险商值（RQ）	文献来源
1	土壤	北京	ND～13	1.1	2.03×10^{-4}	[57]
2		北京	ND～0.6	0.1	1.84×10^{-5}	[57]
3	耕地	天津	2.6～12.5	—	—	[59]
4		天津	ND～0.21			[56]
5		山东	0.01～33.62	3.91	7.20×10^{-4}	[69]
6		长江三角洲	ND～111	2.35	4.33×10^{-4}	[70]
7		宁波	ND～0.38	0.03	5.52×10^{-6}	[71]
8		珠江三角洲	29.0～321.4	114.8	2.11×10^{-2}	[71]
9		沈阳市	21.92～1 754.32	—	—	[68]
10	园地	宁波市郊区	ND～0.05	0.03	5.52×10^{-6}	[70]
11		宁波市海曙区	ND～0.053	0.028	5.16×10^{-6}	[72]
12	林地	宁波市郊区	ND～0.10	0.02	3.68×10^{-6}	[70]
13		宁波市海曙区	ND～0.215	0.02	3.68×10^{-6}	[72]

4.2.4　林可霉素

淡水环境

将我国部分地区水质中林可霉素的暴露浓度与本书推导的林可霉素
PNEC$_{水}$值（2 μg/L）相比较（表4-19、图4-12）。结果显示，部分水质中林

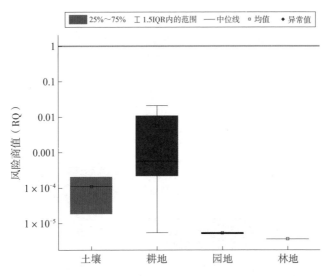

图 4-11 我国部分土壤中磺胺甲噁唑的风险商值统计

可霉素的检出率相对较高，但暴露浓度较低，水质的林可霉素风险商值均小于 1，表明我国部分地区淡水环境中林可霉素浓度处于可接受水平。

表 4-19 我国部分水质中林可霉素的含量

序号	水质利用类型	调查地	浓度范围 / （ng/L）	平均值 / （ng/L）	风险商值 （RQ）	文献来源
1	水库	东源区水环境	0.13～10.43	—	—	［29］
2		青草沙水库	ND～11.5	—	0.006	［30］
3		西丽水库丰水期	19	—	0.010	［111］
4		西丽水库枯水期	8	—	0.004	［111］
5	湖水	环鄱阳湖水产养殖区	70.52	—	0.035	［6］
6		艾溪湖	ND～25.8	—	0.013	［9］
7		瑶湖	ND～54.7	—	0.027	［9］
8		青山湖	ND	—	—	［9］
9		东西湖	19.2～49.7	—	—	［9］

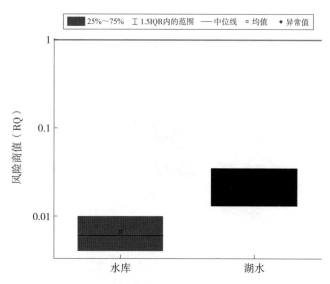

图 4-12　我国部分水质中林可霉素的风险商值统计

4.2.5　氯霉素

（1）淡水环境

将我国部分地区水质中氯霉素的暴露浓度与本书推导的氯霉素 $PNEC_水$ 值
（12.5 μg/L）相比较（表 4-20）。结果显示，部分水质中氯霉素的检出率相对
较高，但暴露浓度较低，水质的氯霉素风险商值均小于 1，表明我国部分地区
淡水环境中氯霉素浓度处于可接受水平。

表 4-20　我国部分水质中氯霉素的含量

序号	水质利用类型	调查地	浓度范围 /（ng/L）	平均值 /（ng/L）	风险商值（RQ）	文献来源
1	江水	黄浦江	0.03～0.26 μg/L	—	—	[27]
2	湖水	淀山湖表层水春	0.76～285.62	46.96	3.76×10^{-3}	[8]
3		淀山湖表层水夏	0.15～0.52	0.2	1.60×10^{-5}	[8]
4		淀山湖表层水秋	ND	—	—	[8]
5		淀山湖表层水冬	0.16～1.02	0.41	3.28×10^{-5}	[8]

（2）沉积物环境

将我国部分地区沉积物中氯霉素的暴露浓度与本书推导的氯霉素 PNEC$_{沉积物}$ 值（12.1 mg/kg）相比较（表 4-21）。结果显示，部分沉积物中氯霉素的检出率和暴露浓度均较低，表明我国部分地区沉积物环境中氯霉素浓度处于可接受水平。

表 4-21　我国部分沉积物中氯霉素的含量

序号	调查地	浓度范围 / （ng/g）	平均值 / （ng/g）	风险商值 （RQ）	文献来源
1	长江三角洲	<LOQ	—	—	[10]
2	苕溪	ND～0.2 ng/g	—	—	[12]

4.2.6　沙星类

4.2.6.1　诺氟沙星

（1）淡水环境

将我国部分地区各类型水质中诺氟沙星的暴露浓度与本书推导的诺氟沙星 PNEC$_{水}$ 值（0.112 8 μg/L）相比较（表 4-22、图 4-13）。结果显示，各类水质中诺氟沙星的检出率相对较高（91.3%），除垃圾填埋场周边渗滤废水、直接排放水环境和污水处理厂进水外，其余大部分类型水质平均暴露浓度均低于 PNEC$_{水}$ 值，表明非人类活动干扰水质中诺氟沙星浓度处于可接受水平。垃圾填埋场周边渗滤废水中诺氟沙星暴露浓度最高（0.570～16.31 μg/L），平均暴露浓度是 PNEC$_{水}$ 值的 33.95 倍。部分江河中诺氟沙星暴露浓度（大辽河表层水：ND～1 380 ng/L，钱塘江杭州段：ND～508 ng/L，贡湖湾：59～271 ng/L，珠江广州段：117～251 ng/L，珠江河口：ND～174 ng/L，淮河入洪泽湖口：14～161 ng/L，东源区水环境：ND～156.28 ng/L，天津大沽排污河：0～136 ng/L）高于 PNEC$_{水}$ 值，表明我国部分江河中高浓度诺氟沙星可能会对水生生物和人体健康造成危害，尤其值得关注。所收集的大部分湖库和流域中诺氟沙星的暴露浓度均远小于 PNEC$_{水}$ 值，只有青草沙水库（32.8～278.2 ng/L）和北京温榆河流域（ND～199.4 ng/L）中诺氟沙星的风险商值大于 1，分别为 1.77 和 2.47。通过对比污水处理厂进出水中诺氟沙星的暴露浓度可以发现，污水处理厂对诺氟沙星有一定的处理能力，但仍有部分地区污水处理厂出水中诺氟沙星暴露浓度高于 PNEC$_水$值，存在一定风险。

表 4-22　我国部分水质中诺氟沙星的含量

序号	水质利用类型	调查地	浓度范围 /（ng/L）	平均值 /（ng/L）	风险商值（RQ）	文献来源
1	排污	养猪场排污渠 A	0.051	—	0.000 5	[112]
2		养猪场排污渠 B	0.038	—	0.000 3	[112]
3		养猪场排污渠 C	0.042	—	0.000 4	[112]
4		养猪场排污渠 D	0.068	—	0.000 6	[112]
5		养猪场排污渠 E	0.033	—	0.000 3	[112]
6		养猪场排污渠 F	0.048	—	0.000 4	[112]
7		养猪场排污渠 G	0.039	—	0.000 3	[112]
8		养猪场排污渠 H	0.133	—	0.001 2	[112]
9		养猪场排污渠 I	0.16	—	0.001 4	[112]
10		养猪场排污渠 J	0.058	—	0.000 5	[112]
11		养猪场排污渠 K	0.042	—	0.000 4	[112]
12		养猪场排污渠 L	0.038	—	0.000 3	[112]
13	直接排放	清河 DQ1	68	—	0.60	[113]
14		清河 DQ2	ND	—	<1	[113]
15		清河 DQ3	11.1	—	0.10	[113]
16		坝河 DB1	182.9	—	1.62	[113]
17		坝河 DBB1	1 182.4	—	10.48	[113]
18		坝河 DBB2	4.7	—	0.04	[113]
19		坝河 DBB3	386.4	—	3.43	[113]
20		坝河 DBB4	ND	—	<1	[113]
21		坝河 DBB5	ND	—	<1	[113]
22		通惠河 DT1	58.9	—	0.52	[113]
23		通惠河 DT2	1 710.7	—	15.17	[113]
24		通惠河 DT3	1 773.2	—	15.72	[113]
25		通惠河 DT4	412.5	—	3.66	[113]

序号	水质利用类型	调查地	浓度范围 /（ng/L）	平均值 /（ng/L）	风险商值（RQ）	文献来源
26	湖库	大通湖水体	ND～0.2	0.05	0.00	[87]
27		巢湖	ND～70.2	—	<0.62	[97]
28		白洋淀水体	ND～28.88	28.88	0.26	[114]
29		淀山湖表层水（春）	0.85～229.22	42.3	0.38	[122]
30		淀山湖表层水（夏）	0.08～21.57	7.62	0.07	[122]
31		淀山湖表层水（秋）	0.07～38.54	11.84	0.10	[122]
32		淀山湖表层水（冬）	0.07～6.68	2.92	0.03	[122]
33		青草沙水库	32.8～278.2	—	0.29～2.47	[125]
34	出水	污水处理厂出水	4.9～675.4	—	0.04～5.99	[83]
35		澳大利亚污水处理厂	25～250	—	0.22～2.22	[83]
36		清河 DQE	140.3	—	1.24	[113]
37		北小河 DBE	49.3	—	0.44	[113]
38		酒仙桥 DJE	512.5	—	4.54	[113]
39		高碑店 DTE	102.2	—	0.91	[113]
40		AB 工艺出水	8.4	—	0.07	[84]
41		组合交替式活性污泥法出水	7.7	—	0.07	[84]
42		改良 A^2/O 活性污泥法出水	8.6	—	0.08	[84]
43		传统 A^2/O 工艺	7.6	—	0.07	[84]
44		改良型 A/O 活性污泥法出水	4.4	—	0.04	[84]
45		杭州 A 处生活污水出口	175	—	1.55	[115]
46		杭州 B 处工业污水出口	ND	—	<1	[115]
47		杭州 C 处养猪污水出口	ND	—	<1	[116]
48		广州 A 处生活污水出口	62	—	0.55	[117]
49		广州 B 处工业污水出口	44	—	0.39	[117]
50		香港 A 处生活污水出口	27	—	0.24	[117]
51		洪泽 A 处生活污水出口	270	—	2.39	[83]

序号	水质利用类型	调查地	浓度范围 /（ng/L）	平均值 /（ng/L）	风险商值（RQ）	文献来源
52	进水	污水处理厂进水	131.3	—	1.16	[84]
53		传统 A²/O 工艺	6.4	—	0.06	[84]
54		改良型 A/O 活性污泥法进水	17.7	—	0.16	[84]
55		杭州 A 处生活污水进口	657	—	5.82	[115]
56		杭州 B 处工业污水进口	95	—	0.84	[115]
57		杭州 C 处养猪污水进口	ND	—	<1	[116]
58		广州 A 处生活污水进口	179	—	1.59	[117]
59		广州 B 处工业污水进口	229	—	2.03	[117]
60		香港 A 处生活污水进口	54	—	0.48	[117]
61		洪泽 A 处生活污水进口	280	—	2.48	[83]
62	养殖	高淳养殖塘 1	4.16	—	0.04	[80]
63		高淳养殖塘 2	126.17	—	1.12	[80]
64		金坛养殖塘 1	ND	—	<1	[80]
65		金坛养殖塘 2	ND	—	<1	[80]
66		珠江口养殖区	78.29	—	0.69	[118]
67		典型配套养殖系	192	—	1.70	[93]
68		环鄱阳湖水产养殖区	27.44	—	0.24	[95]
69		渤海湾养鱼塘	265	—	2.35	[126]
70	流域	北京温榆河流域	ND～199.4	—	<1.77	[113]
71		半岛诸河流域	2.93～29.0	—	0.03～0.26	[85]
72		小清河流域	3.97～25.4	—	0.04～0.23	[85]
73		海河流域	10.8～35.7	—	0.1～0.32	[85]
74		淮河流域	ND～20.1	—	<0.18	[85]
75		香港维多利亚港附近水域	9～28	—	0.08～0.25	[124]
76	江河	大辽河	12～24	—	0.11～0.21	[76]
77		淮河入洪泽湖口	14～161	—	0.12～1.43	[83]
78		九龙江入海口	ND～3.54	ND	<1	[86]
79		大辽河表层水	ND～1380	214	1.90	[120]
80		北京温榆河	ND～199	—	<1.76	[113]

续表

序号	水质利用类型	调查地	浓度范围 / （ng/L）	平均值 / （ng/L）	风险商值 （RQ）	文献来源
81	江河	钱塘江杭州段	ND～508	—	<4.5	[115]
82		贡湖湾	59～271	—	0.52～2.4	[119]
83		东源区水环境	ND～156.28	—	<1.39	[123]
84		天津大沽排污河	0～136	—	<1.21	[94]
85		珠江	11～108	—	0.1～0.96	[96]
86		珠江广州段	117～251	—	1.04～2.23	[96]
87		长江河口	ND～14.2	—	<0.13	[100]
88		黄浦江	ND～0.2	—	<0.002	[126]
89		珠江河口	ND～174	—	<1.54	[127]
90	井水	毕节甘家湾垃圾填埋场周边民用井水	0.95～8.92	3.53	0.03	[82]
91		毕节甘家湾垃圾填埋场周边地下井水	2.37～5.29	3.63	0.03	[82]
92	废水	毕节甘家湾垃圾填埋场周边渗滤废水	570～16 310	3 830	33.95	[82]

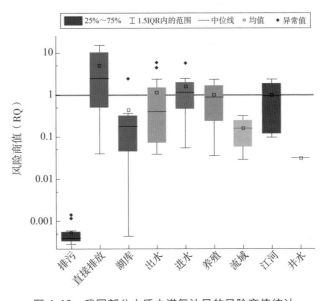

图 4-13　我国部分水质中诺氟沙星的风险商值统计

（2）沉积物环境

将我国部分地区各类型沉积物中诺氟沙星的暴露浓度与本书推导的诺氟沙星 $PNEC_{沉积物}$ 值（0.089 3 mg/kg）相比较（表 4-23、图 4-14）。结果显示，各类沉积物中诺氟沙星的检出率（95.1%）与暴露浓度均较高，且大部分沉积物中的诺氟沙星风险商值均大于 1。养鱼场底泥中诺氟沙星检出率为 100%，且暴露浓度高达 6.794 mg/kg，是 $PNEC_{沉积物}$ 值的 76.08 倍。15 个不同猪场中有 11 个猪场沉积物 RQ>1，只有佛岗市（0.34）、三水市（0.34）、天津市（<0.7）和新丰市（<1）的诺氟沙星暴露浓度低于 $PNEC_{沉积物}$ 值，表明我国大部分养猪场诺氟沙星的使用率较高。鸡场沉积物中诺氟沙星的暴露浓度也高达 0.50 mg/kg。各类养殖场沉积物中，诺氟沙星的高暴露浓度所引发的潜在生物风险值得关注。某污水处理厂出口上、下游沉积物中诺氟沙星暴露浓度均高于 $PNEC_{沉积物}$ 值。9 个江河中有 5 个江河沉积物的 RQ>1。RQ 值从大到小依次为海河（64.61）>白洋淀（12.77）>珠江（12.54）>辽河（1.97）>黄河（1.58）。以上江河沉积物中高浓度诺氟沙星可能会对底栖水生生物造成危害，值得关注。

表 4-23　我国部分沉积物中诺氟沙星的含量

序号	沉积物利用类型	调查地	浓度范围 /（mg/kg）	平均值 /（mg/kg）	风险商值（RQ）	文献来源
1	猪场	佛岗市龙山镇养猪场	0.03	—	0.34	[31]
2		清远市石角镇养猪场	0.14	—	1.57	[31]
3		广州增城市中新镇养猪场	0.47	—	5.26	[31]
4		广州新塘镇养猪场	0.24	—	2.69	[31]
5		从化市石岭镇养猪场	0.96	—	10.75	[31]
6		三水市养猪场	0.03	—	0.34	[31]
7		新兴市簕竹镇养猪场	0.56	—	6.27	[31]
8		新丰市板岭镇养猪场	ND	—	<1	[31]
9		东莞市横沥镇养猪场	0.57	—	6.38	[31]
10		清远市莲塘镇养猪场	0.32	—	3.58	[31]
11		乳源市龙南镇养猪场	0.58	—	6.49	[31]
12		广州增城市福新镇养猪场	0.12	—	1.34	[31]

续表

序号	沉积物利用类型	调查地	浓度范围 /（mg/kg）	平均值 /（mg/kg）	风险商值（RQ）	文献来源
13	猪场	广州增城市福和镇养猪场（春）	0.68	—	7.61	[31]
14		广州增城市福和镇养猪场（夏）	0.68	—	7.61	[31]
15		广州增城市福和镇养猪场（秋）	0.64	—	7.17	[31]
16		广州增城市福和镇养猪场（冬）	0.62	—	6.94	[31]
17		广州增城市广三保养猪场（春）	0.10	—	1.12	[31]
18		广州增城市广三保养猪场（夏）	0.74	—	8.29	[31]
19		广州增城市广三保养猪场（秋）	0.15	—	1.68	[31]
20		广州增城市广三保养猪场（冬）	0.07	—	0.78	[31]
21		天津市养猪场（春）	ND～0.055 1	0.049 6	0.56	[42]
22		天津市养猪场（夏）	0.016 3～0.145 3	0.049 9	0.56	[42]
23		天津市养猪场（秋）	ND～0.072 4	0.056 7	0.63	[42]
24		天津市养猪场（冬）	ND～0.081 8	0.062 2	0.70	[42]
25	鸡场	三水市养鸡场	0.02	—	0.22	[31]
26		新兴市簕竹镇养鸡场	0.50	—	5.60	[31]
27	底泥	与淮河隔开的养鱼场底泥	6.794	—	76.08	[128]
28		与淮河相通的养鱼场底泥	1.714	—	19.19	[128]
29		与洪泽湖相通的养鱼场底泥	0.662	—	7.41	[128]
30	江河	长江三角洲	<LOQ～0.069 3	—	<0.78	[32]
31		白洋淀	0.049 4～1.14	—	0.55～12.77	[129]

续表

序号	沉积物利用类型	调查地	浓度范围 / (mg/kg)	平均值 / (mg/kg)	风险商值 (RQ)	文献来源
32	江河	苕溪	ND～0.002 8	—	<0.03	[33]
33		大沽河	ND	—	<1	[34]
34		黄河	0.008 3～0.141	—	0.09～1.58	[35]
35		海河	0.032～5.770	—	0.36～64.61	[35]
36		辽河	0.003 3～0.176	—	0.04～1.97	[35]
37		珠江	0.088～1.120	—	0.99～12.54	[36]
38		白洋淀沉积物	ND～0.047 2	0.018 7	0.21	[130]
39	污水	污水处理厂出水口下游	0.143	—	1.60	[128]
40		污水处理厂出水口上游	0.106	—	1.19	[128]

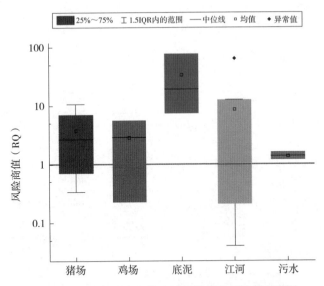

图 4-14　我国部分沉积物中诺氟沙星的风险商值统计

（3）土壤环境

将我国广州市城郊某菜地土壤中诺氟沙星的暴露浓度与本书推导的诺氟沙星 $PNEC_{土壤}$ 值（0.014 1 mg/kg）相比较（表 4-24），可得出风险商值 0.85，表明该地土壤中诺氟沙星浓度处于可接受水平。

表 4-24　我国部分土壤中诺氟沙星的含量

土地利用类型	调查地	浓度范围 /（ng/g）	平均值 /（ng/g）	风险商值（RQ）	文献来源
菜地	广州市城郊	ND ～ 45.859 5	12.023 6	0.85	［43］

4.2.6.2　恩诺沙星

（1）淡水环境

将我国部分地区各类型水质中恩诺沙星的暴露浓度与本书推导的恩诺沙星 $PNEC_{水}$ 值（12.5 μg/L）相比较（表 4-25、图 4-15）。结果显示，各类水质中诺氟沙星的检出率相对较高，但暴露浓度水平非常低。恩诺沙星暴露浓度最高的是某污水处理厂进水（1 215.3 ng/L），但仍低于恩诺沙星 $PNEC_{水}$ 值。通过所收集的我国各类水质中恩诺沙星暴露浓度，计算出的 RQ 均远小于 1，表明恩诺沙星在我国部分水质的暴露浓度属于可接受水平。

表 4-25　我国部分水质中恩诺沙星的含量

序号	水质利用类型	调查地	浓度范围 /（ng/L）	平均值 /（ng/L）	风险商值（RQ）	文献来源
1	出水	污水处理厂出水	ND ～ 54	—	＜0.004 3	［83］
2		AB 工艺出水	18.1	—	0.001 4	［83］
3		组合交替式活性污泥法出水	19.8	—	0.001 6	［83］
4		改良 A^2/O 活性污泥法出水	25.9	—	0.002 1	［83］
5		传统 A^2/O 工艺出水	21.4	—	0.001 7	［83］
6		改良型 A/O 活性污泥法出水	55	—	0.004 4	［83］
7	养殖	高淳中华绒螯蟹养殖塘沉积物 1	5.8	—	0.000 5	［80］
8		高淳中华绒螯蟹养殖塘沉积物 2	117.42	—	0.009 4	［80］

序号	水质利用类型	调查地	浓度范围 /（ng/L）	平均值 /（ng/L）	风险商值（RQ）	文献来源
9	养殖	金坛中华绒螯蟹养殖塘沉积物 1	ND	—	<1	［80］
10		金坛中华绒螯蟹养殖塘沉积物 2	ND	—	<1	［80］
11		环鄱阳湖水产养殖区	96.55	—	0.007 7	［80］
12	进水	污水处理厂进水	1 215.3	—	0.097 2	［84］
13		传统 A²/O 工艺进水	258.7	—	0.020 7	［84］
14		改良型 A/O 活性污泥法进水	260	—	0.020 8	［84］
15	湖泊	淮河入洪泽湖口	ND	—	<1	［83］
16		淀山湖表层水（春）	0.13～3.01	0.78	0.000 1	［131］
17		淀山湖表层水（夏）	0.33～22.78	3.4	0.000 3	［131］
18		淀山湖表层水（秋）	0.32～14.78	16.92	0.001 4	［131］
19		淀山湖表层水（冬）	0.3～2.48	0.79	0.000 1	［131］
20		大通湖水体	ND～38.14	8.04	0.000 6	［87］
21		白洋淀水体	ND～110.71	30.66	0.002 5	［114］
22		艾溪湖	ND	—	<1	［132］
23		瑶湖	ND	—	<1	［132］
24		青山湖	ND～83.5	—	<0.006 7	［132］
25		东西湖	ND～7.2	—	<0.00 6	［132］
26		乌伦古湖	ND～0.58	0.18	0.000 0	—
27		博斯腾湖	ND～15.22	6.03	0.000 5	—
28	江河	大辽河	ND～16	—	<0.001 3	［114］
29		大辽河表层水	ND～17	16	0.001 3	［120］

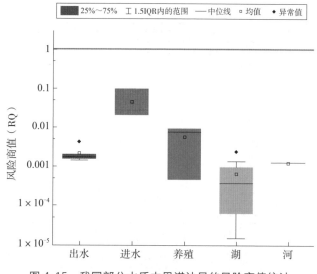

图 4-15　我国部分水质中恩诺沙星的风险商值统计

（2）沉积物环境

将我国部分地区各类型沉积物中恩诺沙星的暴露浓度与本书推导的恩诺沙星 PNEC $_{沉积物}$ 值（10.22 mg/kg）相比较（表 4-26、图 4-16）。结果显示，各类沉积物中诺氟沙星的检出率相对较高，但暴露浓度水平非常低。恩诺沙星暴露浓度最高的是与淮河隔开的某养鱼场底泥（0.934 mg/kg），但仍远低于恩诺沙星 PNEC $_{沉积物}$ 值。通过所收集的我国各类沉积物中恩诺沙星暴露浓度，计算出的 RQ 均远小于 1，表明恩诺沙星在我国部分沉积物中的暴露浓度属于可接受水平。

表 4-26　我国部分沉积物中恩诺沙星的含量

序号	沉积物利用类型	调查地	浓度范围 /（mg/kg）	平均值 /（mg/kg）	风险商值（RQ）	文献来源
1	猪场	佛岗市龙山镇养猪场	0.2	—	0.019 6	[31]
2		清远市石角镇养猪场	0.01	—	0.001 0	[31]
3		广州增城市中新镇养猪场	0	—	0.000 0	[31]
4		广州新塘镇养猪场	0.03	—	0.002 9	[31]
5		从化市石岭镇养猪场	0.04	—	0.003 9	[31]
6		三水市养猪场	0.14	—	0.013 7	[31]

续表

序号	沉积物利用类型	调查地	浓度范围 /（mg/kg）	平均值 /（mg/kg）	风险商值（RQ）	文献来源
7	猪场	新兴市籍竹镇养猪场	0.7	—	0.068 5	[31]
8		新丰市板岭镇养猪场	0.03	—	0.002 9	[31]
9		东莞市横沥镇养猪场	0.02	—	0.002 0	[31]
10		清远市莲塘镇养猪场	0.08	—	0.007 8	[31]
11		乳源市龙南镇养猪场	0.03	—	0.002 9	[31]
12		广州增城市福新镇养猪场	0.24	—	0.023 5	[31]
13		广州增城市福和镇养猪场（春）	0.1	—	0.009 8	[31]
14		广州增城市福和镇养猪场（夏）	0.08	—	0.007 8	[31]
15		广州增城市福和镇养猪场（秋）	0.08	—	0.007 8	[31]
16		广州增城市福和镇养猪场（冬）	0.08	—	0.007 8	[31]
17		广州增城市广三保养猪场（春）	0.17	—	0.016 6	[31]
18		广州增城市广三保养猪场（夏）	0.09	—	0.008 8	[31]
19		广州增城市广三保养猪场（秋）	0.23	—	0.022 5	[31]
20		广州增城市广三保养猪场（冬）	0.36	—	0.035 2	[31]
21		天津市养猪场（春）	0.039 5～0.114 1	0.058 8	0.005 8	[31]
22		天津市养猪场（夏）	0.011～0.341	0.111 8	0.010 9	[31]
23		天津市养猪场（秋）	ND～0.060 4	0.051 7	0.005 1	[31]
24		天津市养猪场（冬）	ND～0.554 5	0.100 7	0.009 9	[31]
25	沉积物	白洋淀沉积物	ND～0.013	0.005 9	0.000 6	[130]
26		洋河湿地表层沉积物	0.000 6（总含量）	0.000 054	0.000 0	[133]
27		高淳中华绒螯蟹养殖塘沉积物 1	0.000 1	—	0.000 0	[41]
28		高淳中华绒螯蟹养殖塘沉积物 2	0.000 1	—	0.000 0	[41]
29		金坛中华绒螯蟹养殖塘沉积物 1	ND	—	<1	[41]
30		金坛中华绒螯蟹养殖塘沉积物 2	ND	—	<1	[41]
31	底泥	与淮河隔开的养鱼场底泥	0.934		0.091 4	[128]
32		与淮河相通的养鱼场底泥	0.226		0.022 1	[128]
33		与洪泽湖相通的养鱼场底泥	0.089		0.008 7	[128]

续表

序号	沉积物利用类型	调查地	浓度范围 / (mg/kg)	平均值 / (mg/kg)	风险商值 (RQ)	文献来源
34	鸡场	三水市养鸡场	0.02	—	0.002 0	[31]
35		新兴市簕竹镇养鸡场	0.27	—	0.026 4	[31]
36	江河	辽河	ND～0.176	—	<0.017 2	[35]
37		长江三角洲	<LOQ～0.004 8	—	<0.000 5	[32]
38		白洋淀	ND～0.013 0	—	<0.001 3	[129]
39		大沽河	ND～0.014 2	—	<0.001 4	[34]
40		黄河	ND	—	<1	[35]
41		海河	ND～0.002 3	—	<0.000 2	[35]
42		辽河	ND	—	<1	[35]
43	废物	畜禽废物	0.04	—	0.003 9	[134]
44	污水	污水处理厂出水口下游	0.064	—	0.006 3	[128]
45		污水处理厂出水口上游	0.036	—	0.003 5	[128]

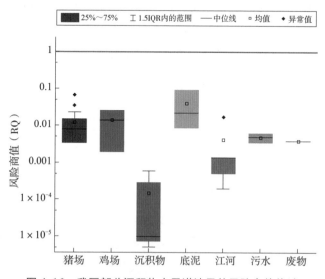

图 4-16　我国部分沉积物中恩诺沙星的风险商值统计

参考文献

[1] 戴刚, 等. 毕节垃圾场周边水源中抗生素污染特征 [J]. 环境科学与技术, 2015, 38(S2): 263-268.

[2] 孙凯. 洪泽湖湿地典型抗生素污染特征与生态风险 [D]. 南京林业大学, 2015.

[3] 章琴琴. 北京温榆河流域抗生素污染分布特征及源解析研究 [D]. 重庆大学, 2012.

[4] 张慧, 等. 山东省主要河流中抗生素污染组成及空间分布特征 [J]. 中国环境监测, 2019, 35(1): 89-94.

[5] 李嘉, 等. 小清河流域抗生素污染分布特征与生态风险评估 [J]. 农业环境科学学报, 2016, 35(7): 1384-1391.

[6] 丁惠君, 等. 环鄱阳湖水产养殖区典型抗生素污染特征 [A]//2016 第八届全国河湖治理与水生态文明发展论坛论文集 [C]. 2016.

[7] 杨基峰, 等. 配套养殖体系中部分抗生素的污染特征 [J]. 环境化学, 2015, 34(1): 54-59.

[8] 童帮会. 淀山湖典型抗生素污染特征、来源及风险评价 [D]. 华东师范大学, 2019.

[9] 丁惠君, 等. 鄱阳湖流域南昌市城市湖泊水体抗生素污染特征及生态风险分析 [J]. 湖泊科学, 2017, 29(4): 848-858.

[10] 石浩. 沉积物中 20 种抗生素残留的分析方法及其应用 [D]. 华东师范大学, 2014.

[11] Li W, et al. Occurrence of antibiotics in water, sediments, aquatic plants, and animals from Baiyangdian Lake in North China[J]. Chemosphere, 2012, 89(11): 1307-1315.

[12] 陈永山, 等. 苕溪流域典型断面底泥 14 种抗生素污染特征 [J]. 环境科学, 2011, 32(3): 6.

[13] Zhou L J, et al. Trends in the occurrence of human and veterinary antibiotics in the sediments of the Yellow River, Hai River and Liao River in northern China[J]. Environmental Pollution, 2011, 159(7): 1877-1885.

[14] Yang J F, et al. Simultaneous determination of four classes of antibiotics in

sediments of the Pearl Rivers using RRLC-MS/MS[J]. Science of the Total Environment, 2010, 408(16): 3424-3432.

［15］方昊, 等 . 江苏典型中华绒螯蟹养殖区抗生素污染特征与生态风险评估 [J]. 生态与农村环境学报, 2019, 35(11): 1436-1444.

［16］秦延文, 等 . 大辽河表层水体典型抗生素污染特征与生态风险评价 [J]. 环境科学研究, 2015, 28(3): 361-368.

［17］Zheng Q, et al. Occurrence and distribution of antibiotics in the Beibu Gulf, China: Impacts of river discharge and aquaculture activities[J]. Marine Environmental Research, 2012, 78: 26-33.

［18］魏红, 等 . 渭河关中段表层水中抗生素污染特征与风险 [J]. 中国环境科学, 2017, 37(6): 2255-2262.

［19］武旭跃, 等 . 太湖贡湖湾水域抗生素污染特征分析与生态风险评价 [J]. 环境科学, 2016, 37(12): 4596-4604.

［20］薛保铭 . 广西邕江水体典型抗生素污染特征与生态风险评估 [D]. 广西大学, 2013.

［21］方昊, 等 . 江苏典型中华绒螯蟹养殖区抗生素污染特征与生态风险评估 [J]. 生态与农村环境学报, 2019(11): 1436-1444.

［22］周婧 . 猪粪中兽用抗生素检测方法及其季节性污染特征研究 [D]. 东北农业大学, 2019.

［23］刘晓晖, 卢少勇 . 大通湖表层水体中抗生素赋存特征与风险 [J]. 中国环境科学, 2018, 38(1): 320-329.

［24］姜凌霄 . 鄱阳湖区典型养猪场废水抗生素污染特征及催化降解研究 [D]. 南昌航空大学, 2012.

［25］Chen K, J L Zhou. Occurrence and behavior of antibiotics in water and sediments from the Huangpu River, Shanghai, China[J]. Chemosphere, 2014, 95: 604-612.

［26］Yan C, et al. Antibiotics in the surface water of the Yangtze Estuary: Occurrence, distribution and risk assessment[J]. Environmental Pollution, 2013, 175: 22-29.

［27］沈群辉, 等 . 黄浦江水域抗生素及抗性基因污染初步研究 [J]. 生态环境学报, 2012, 21(10): 1717-1723.

［28］那广水, 等 . 中国北方地区水体中四环素族抗生素残留现状分析 [J]. 中国环境监测, 2009, 25(6): 78-80.

［29］陈奕涵 . "河流－水库"系统水环境典型污染物赋存特征的研究 [D]. 上海交通大学, 2018.

［30］Yue J, et al. Occurrence, Seasonal Variation and Risk Assessment of Antibiotics in Qingcaosha Reservoir[J]. Water, 2018, 10(2): 115.

［31］国彬 . 农用畜禽废物抗生素的污染特征和环境归宿研究 [D]. 暨南大学, 2009.

［32］石浩 . 沉积物中 20 种抗生素残留的分析方法及其应用 [D]. 华东师范大学, 2014.

［33］陈永山, 等 . 苕溪流域典型断面底泥 14 种抗生素污染特征 [J]. 环境科学, 2011, 32(3): 667-672.

［34］胡伟 . 天津城市水、土环境中典型药物与个人护理品（PPCPs）分布及其复合雌激素效应研究 [D]. 南开大学, 2011.

［35］Zhou L J, et al. Trends in the occurrence of human and veterinary antibiotics in the sediments of the Yellow River, Hai River and Liao River in northern China[J]. Environmental Pollution, 2011, 159(7): 1877-1885.

［36］Yang J F, et al. Simultaneous determination of four classes of antibiotics in sediments of the Pearl Rivers using RRLC-MS/MS[J]. Science of the Total Environment, 2010, 408(16): 3424-3432.

［37］Zhou L J, et al. Trends in the occurrence of human and veterinary antibiotics in the sediments of the Yellow River, Hai River and Liao River in northern China[J]. Environmental Pollution, 2011, 159(7): 1877-1885.

［38］Dgc A, et al. Antibacterial residues in marine sediments and invertebrates following chemotherapy in aquaculture[J]. Aquaculture, 1996, 145(1-4): 55-75.

［39］Haller M Y, et al. Quantification of veterinary antibiotics(sulfonamides and trimethoprim)in animal manure by liquid chromatography-mass spectrometry[J]. Journal of Chromatography A, 2002, 952(1).

［40］张树清 . 规模化养殖畜禽粪有害成分测定及其无害化处理效果 [D]. 中国农业科学院, 2004.

［41］方昊, 等 . 江苏典型中华绒螯蟹养殖区抗生素污染特征与生态风险评估 [J]. 生态与农村环境学报, 2019, 35(11): 1436-1444.

［42］周婧 . 猪粪中兽用抗生素检测方法及其季节性污染特征研究 [D]. 东北农业大学, 2019.

［43］刘彩媚，等 . 广州市城—郊梯度上典型蔬菜地土壤抗生素污染研究 [J]. 广东农业科学，2019，46(6): 59-67.

［44］张林 . 彭州菜地土—肥体系中四环素类抗生素检测及其污染性状分析 [D]. 四川农业大学，2011.

［45］Wu, et al. Residues and risks of veterinary antibiotics in protected vegetable soils following application of different manures[J]. Chemosphere Environmental Toxicology & Risk Assessment, 2016.

［46］邰义萍，等 . 广州市某绿色和有机蔬菜基地土壤中四环素类抗生素的含量与分布特征 [J]. 农业环境科学学报，2014，33(9): 1743-1748.

［47］朱秀辉，等 . 广州市北郊蔬菜基地土壤四环素类抗生素的残留及风险评估 [J]. 农业环境科学学报，2017，36(11): 2257-2266.

［48］Xiang L, et al. Occurrence and risk assessment of tetracycline antibiotics in soil from organic vegetable farms in a subtropical city, south China[J]. Environmental Science and Pollution Research, 2016, 23(14): 13984-13995.

［49］段夏珍 . 惠州市蔬菜基地抗生素污染特征的初步研究 [D]. 暨南大学，2011.

［50］邰义萍，等 . 东莞市蔬菜基地土壤中四环素类抗生素的含量与分布 [J]. 中国环境科学，2011，31(1): 90-95.

［51］李彦文，等 . 菜地土壤中磺胺类和四环素类抗生素污染特征研究 [J]. 环境科学，2009，30(6): 1762-1766.

［52］罗凯，等 . 南京典型设施菜地有机肥和土壤中四环素类抗生素的污染特征调查 [J]. 土壤，2014，46(2): 330-338.

［53］Zhang, et al. Occurrence of 13 veterinary drugs in animal manure-amended soils in Eastern China[J]. Chemosphere Environmental Toxicology & Risk Assessment, 2016.

［54］杨晓蕾 . 土壤中典型抗生素的同时测定及其方法优化 [D]. 山东大学，2012.

［55］孙奉翠 . 土壤中四类典型抗生素的同时测定及其方法优化 [D]. 山东大学，2013.

［56］尹春艳，等 . 典型设施菜地土壤抗生素污染特征与积累规律研究 [J]. 环境科学，2012，33(8): 2810-2816.

［57］Li C, et al. Occurrence of antibiotics in soils and manures from greenhouse vegetable production bases of Beijing, China and an associated risk assessment[J].

Science of the Total Environment, 2015, 521-522: 101-107.

[58] 张兰河, 等. 北京地区菜田土壤抗生素抗性基因的分布特征 [J]. 环境科学, 2016, 37(11): 4395-4401.

[59] Hu X, Q Zhou, L Yi. Occurrence and source analysis of typical veterinary antibiotics in manure, soil, vegetables and groundwater from organic vegetable bases, northern China[J]. Environmental Pollution, 2010, 158(9): 2992-2998.

[60] Huang X, et al. Occurrence and distribution of veterinary antibiotics and tetracycline resistance genes in farmland soils around swine feedlots in Fujian Province, China[J]. Environmental Science & Pollution Research International, 2013, 20(12): 9066-9074.

[61] 鲍陈燕, 等. 施肥方式对蔬菜地土壤中 8 种抗生素残留的影响 [J]. 农业资源与环境学报, 2014, 31(4): 313-318.

[62] 王良, 等. 洱海流域畜禽饲料·粪便·土壤中四环素类抗生素残留分析 [J]. 安徽农业科学, 2017(18).

[63] 张志强, 李春花, 黄绍文, 等. 土壤及畜禽粪肥中四环素类抗生素固相萃取 – 高效液相色谱法的优化与初步应用 [J]. 植物营养与肥料学报, 2013, 19(3): 713-726.

[64] 张慧敏, 章明奎, 顾国平. 浙北地区畜禽粪便和农田土壤中四环素类抗生素残留 [J]. 生态与农村环境学报, 2008, 24(3): 69-73.

[65] A X J, et al. Antibiotic resistance gene abundances associated with antibiotics and heavy metals in animal manures and agricultural soils adjacent to feedlots in Shanghai; China-Science Direct[J]. Journal of Hazardous Materials, 2012, s 235-236(20): 178-185.

[66] Zheng W L, et al. Determination of Tetracyclines and Their Epimers in Agricultural Soil Fertilized with Swine Manure by Ultra-High-Performance Liquid Chromatography Tandem Mass Spectrometry[J]. Journal of Integrative Agriculture, 2012(7): 1189-1198.

[67] Chen K, J L Zhou. Occurrence and behavior of antibiotics in water and sediments from the Huangpu River, Shanghai, China[J]. Chemosphere, 2014, 95: 604-612.

[68] An J, et al. Antibiotic contamination in animal manure, soil, and sewage sludge in Shenyang, northeast China[J]. Environmental Earth Sciences, 2015, 74(6): 5077-

5086.

［69］Sun J, *et al*. Antibiotics in the agricultural soils from the Yangtze River Delta, China[J]. Chemosphere, 2017: 301.

［70］赵方凯，等．长三角典型城郊土壤抗生素空间分布的影响因素研究 [J]. 环境科学学报，2018，38(3): 9.

［71］Li Y W, *et al*. Investigation of Sulfonamide, Tetracycline, and Quinolone Antibiotics in Vegetable Farmland Soil in the Pearl River Delta Area, Southern China[J]. J Agric Food Chem, 2011, 59(13): 7268-7276.

［72］赵方凯，等．长三角典型城郊不同土地利用土壤抗生素组成及分布特征 [J]. 环境科学，2017，38(12): 5237-5246.

［73］张涛，等．江西梅江流域土壤中四环素类抗生素的含量及空间分布特征 [J]. 环境科学学报，2017，37(4): 9.

［74］Wu L, X Pan, L Chen. Occurrence and distribution of heavy metals and tetracyclines in agricultural soils after typical land use change in east China[J]. Environ Sci Pollut Res Int, 2013, 20(12): 8342-8354.

［75］张笑归，等．张家口葡萄产区土壤抗生素含量及其潜在生态环境风险评价 [J]. 华北农学报，2011，26(S2): 146-151.

［76］杨常青，等．大辽河水系河水中 16 种抗生素的污染水平分析 [J]. 色谱，2012，30(8): 756-762.

［77］杜雪．南昌市四种典型地表水体抗生素污染特征与生态风险评估 [D]. 南昌大学，2015.

［78］陈永山，等．典型规模化养猪场废水中兽用抗生素污染特征与去除效率研究 [J]. 环境科学学报，2010，30(11): 2205-2212.

［79］Coyne R, *et al*. Concentration and persistence of oxytetracycline in sediments under a marine salmon farm[J]. Aquaculture, 1994, 123(1-2): 31-42.

［80］方昊，等．江苏典型中华绒螯蟹养殖区抗生素污染特征与生态风险评估 [J]. 生态与农村环境学报，2019，35(11): 1436-1444.

［81］姜凌霄．鄱阳湖区典型养猪场废水抗生素污染特征及催化降解研究 [D]. 南昌航空大学，2012.

［82］戴刚，等．毕节垃圾场周边水源中抗生素污染特征 [J]. 环境科学与技术，2015，38(S2): 263-268.

［83］孙凯．洪泽湖湿地典型抗生素污染特征与生态风险 [D].南京林业大学，2015.

［84］陈涛，等．广州污水厂磺胺和喹诺酮抗生素污染特征研究 [J].环境科学与技术，2010, 33(6): 144-147, 180.

［85］张慧，等．山东省主要河流中抗生素污染组成及空间分布特征 [J].中国环境监测，2019, 35(1): 89-94.

［86］王敏，等．5种典型滨海养殖水体中多种类抗生素的残留特性 [J].生态环境学报，2011, 20(5): 934-939.

［87］刘晓晖，卢少勇．大通湖表层水体中抗生素赋存特征与风险 [J].中国环境科学，2018, 38(1): 320-329.

［88］徐浩，等．海口城区地表水环境中抗生素含量特征研究 [J].环境科学与技术，2013, 36(9): 60-65.

［89］朱婷婷，等．深圳西丽水库抗生素残留现状及健康风险研究 [J].环境污染与防治，2014, 36(5): 49-53, 58.

［90］李嘉，等．小清河流域抗生素污染分布特征与生态风险评估 [J].农业环境科学学报，2016, 35(7): 1384-1391.

［91］许祥．城市饮用水源中磺胺类抗生素污染特征分析和风险评价 [D].浙江工业大学，2019.

［92］杜雪．南昌市四种典型地表水体抗生素污染特征与生态风险评估 [D].南昌大学，2015.

［93］杨基峰，等．配套养殖体系中部分抗生素的污染特征 [J].环境化学，2015, 34(1): 54-59.

［94］Himmelsbach M, W Buchberger. Residue Analysis of Oxytetracycline in Water and Sediment Samples by High-Performance Liquid Chromatography and Immunochemical Techniques[J]. Microchimica Acta, 2005, 151(1-2): 67-72.

［95］丁惠君等．环鄱阳湖水产养殖区典型抗生素污染特征 [A]//2016第八届全国河湖治理与水生态文明发展论坛论文集 [C]. 2016.

［96］H, W, et al. Determination of selected antibiotics in the Victoria Harbour and the Pearl River, South China using high-performance liquid chromatography-electrospray ionization tandem mass spectrometry[J]. Environmental Pollution-London Then Barking, 2007.

［97］Hua, et al. The occurrence and distribution of antibiotics in Lake Chaohu, China:

Seasonal variation, potential source and risk assessment[J]. Chemosphere: Environmental toxicology and risk assessment, 2015.

［98］Karthikeyan K G, M T Meyer. Occurrence of antibiotics in wastewater treatment facilities in Wisconsin, USA[J]. Science of the Total Environment, 2006.

［99］Choi K, *et al*. Seasonal variations of several pharmaceutical residues in surface water and sewage treatment plants of Han River, Korea[J]. Science of the Total Environment, 2008, 405(1-3): 120-128.

［100］Yan C, *et al*. Antibiotics in the surface water of the Yangtze Estuary: Occurrence, distribution and risk assessment[J]. Environmental Pollution, 2013, 175: 22-29.

［101］Managaki S, *et al*. Distribution of macrolides, sulfonamides, and trimethoprim in tropical waters: ubiquitous occurrence of veterinary antibiotics in the Mekong Delta[J]. Environmental Science & Technology, 2007, 41(23): 8004-8010.

［102］周婧. 猪粪中兽用抗生素检测方法及其季节性污染特征研究 [D]. 东北农业大学, 2019.

［103］国彬. 农用畜禽废物抗生素的污染特征和环境归宿研究 [D]. 暨南大学, 2009.

［104］方昊, 等. 江苏典型中华绒螯蟹养殖区抗生素污染特征与生态风险评估 [J]. 生态与农村环境学报, 2019(11): 1436-1444.

［105］石浩. 沉积物中 20 种抗生素残留的分析方法及其应用 [D]. 华东师范大学, 2014.

［106］Li W, *et al*. Occurrence of antibiotics in water, sediments, aquatic plants, and animals from Baiyangdian Lake in North China[J]. Chemosphere, 2012, 89(11): 1307-1315.

［107］陈永山, 等. 苕溪流域典型断面底泥 14 种抗生素污染特征 [J]. 环境科学, 2011, 32(3): 6.

［108］胡伟. 天津城市水、土环境中典型药物与个人护理品（PPCPs）分布及其复合雌激素效应研究 [D]. 南开大学, 2011.

［109］Zhou L J, *et al*. Trends in the occurrence of human and veterinary antibiotics in the sediments of the Yellow River, Hai River and Liao River in northern China[J]. Environmental Pollution, 2011, 159(7): 1877-1885.

［110］Yang J F, *et al*. Simultaneous determination of four classes of antibiotics in sediments of the Pearl Rivers using RRLC-MS/MS[J]. Science of the Total Environment, 2010, 408(16): 3424-3432.

［111］朱婷婷, 等 . 深圳西丽水库抗生素残留现状及健康风险研究 [J]. 环境污染与防治, 2014, 36(5): 49-53, 58.

［112］姜凌霄 . 鄱阳湖区典型养猪场废水抗生素污染特征及催化降解研究 [D]. 南昌航空大学, 2012.

［113］章琴琴 . 北京温榆河流域抗生素污染分布特征及源解析研究 [D]. 重庆大学, 2012.

［114］申立娜, 等 . 白洋淀喹诺酮类抗生素污染特征及其与环境因子相关性研究 [J]. 环境科学学报, 2019, 39(11): 3888-3897.

［115］李晓娟 . 固相萃取—超高效液相色谱串联质谱法对杭州市不同水环境中 13 种痕量药物残留状况的检测及分析 [D]. 浙江大学, 2011.

［116］陈永山, 等 . 典型规模化养猪场废水中兽用抗生素污染特征与去除效率研究 [J]. 环境科学学报, 2010, 30(11): 2205-2212.

［117］徐维海, 等 . 典型抗生素类药物在城市污水处理厂中的含量水平及其行为特征 [J]. 环境科学, 2007(8): 1779-1783.

［118］梁惜梅, 施震, 黄小平 . 珠江口典型水产养殖区抗生素的污染特征 [J]. 生态环境学报, 2013, 22(2): 304-310.

［119］武旭跃, 等 . 太湖贡湖湾水域抗生素污染特征分析与生态风险评价 [J]. 环境科学, 2016, 37(12): 4596-4604.

［120］秦延文, 等 . 大辽河表层水体典型抗生素污染特征与生态风险评价 [J]. 环境科学研究, 2015, 28(3): 361-368.

［121］杨常青, 等 . 大辽河水系河水中 16 种抗生素的污染水平分析 [J]. 色谱, 2012, 30(8): 756-762.

［122］童帮会 . 淀山湖典型抗生素污染特征、来源及风险评价 [D]. 华东师范大学, 2019.

［123］陈奕涵 . "河流－水库"系统水环境典型污染物赋存特征的研究 [D]. 上海交通大学, 2018.

［124］Mcclure E L, C S Wong. Solid phase microextraction of macrolide, trimethoprim, and sulfonamide antibiotics in wastewaters[J]. Journal of Chromatography A, 2007, 1169(1-2): 53-62.

［125］Yue J, *et al*. Occurrence, Seasonal Variation and Risk Assessment of Antibiotics in Qingcaosha Reservoir[J]. Water, 2018, 10(2): 115.

［126］Zou S, *et al*. Occurrence and distribution of antibiotics in coastal water of the Bohai Bay, China: Impacts of river discharge and aquaculture activities[J]. Environmental Pollution, 2011, 159(10): 2913-2920.

［127］Xu W, *et al*. Antibiotics in riverine runoff of the Pearl River Delta and Pearl River Estuary, China: Concentrations, mass loading and ecological risks. 2013.

［128］孙凯. 洪泽湖湿地典型抗生素污染特征与生态风险 [D]. 南京林业大学, 2015.

［129］Li W, *et al*. Occurrence of antibiotics in water, sediments，aquatic plants, and animals from Baiyangdian Lake in North China[J]. Chemosphere, 2012, 89(11): 1307-1315.

［130］申立娜，等. 白洋淀喹诺酮类抗生素污染特征及其与环境因子相关性研究 [J]. 环境科学学报，2019，39(11): 3888-3897.

［131］童帮会. 淀山湖典型抗生素污染特征、来源及风险评价 [D]. 华东师范大学, 2019.

［132］丁惠君，等. 鄱阳湖流域南昌市城市湖泊水体抗生素污染特征及生态风险分析 [J]. 湖泊科学，2017，29(4): 848-858.

［133］刘珂. 胶州湾典型海岸带沉积物中喹诺酮抗生素时空分布特征及风险评价 [D]. 青岛大学，2018.

［134］吴银宝. 恩诺沙星在鸡粪中的残留及其生态毒理学研究 [D]. 华南农业大学, 2003.

第5章

典型抗生素菌渣生态毒性识别

　　针对实际样品（红霉素、头孢菌素、青霉素的鲜菌渣和菌渣肥）开展敏感物种的生态毒理测试，用于比较三种抗生素鲜菌渣的水生生物毒性以及菌渣肥的陆生生物毒性。

5.1　红霉素（A）鲜菌渣和菌渣肥生态毒理测试

5.1.1　大型溞急性毒性测试

5.1.1.1　试验目的

　　本试验用于评价受试物对大型溞活动可能产生的影响，以 48 h 大型溞活动受抑制程度表明受试物的急性毒性水平。

5.1.1.2　试验原理

　　参照《大型溞急性毒性实验方法》（GB/T 16125—2012），用大型溞作为试验生物，将大型溞置于一系列浓度的试验溶液中，计数 24 h 和 48 h 大型溞活动能力受到抑制（包括死亡）的数量，计算 48 h 半数有效浓度（48 h EC_{50}），判定试验溶液的毒性程度。

5.1.1.3　受试物信息

　　客户编号：A 料；
　　保存条件：冷冻保存。

5.1.1.4　受试生物

名称：大型溞；

来源：实验室繁育；

批号：2020-07-28-S-1-A-400；

溞龄：6～24 h。

5.1.1.5　试验设计与操作过程

（1）预试验

试验采用静态法，在光照培养箱中进行，光暗比为 16∶8，试验温度控制在（20±2）℃，试验期间温度变化不超过 1℃。试验用水为标准稀释水。共设置 5 个试验组及 1 个空白对照组，试验浓度分别为 10%、2%、1%、0.2% 和 0.1%，以标准稀释水作为空白对照组。取样品上清液，离心后经 0.45 μm 滤膜过滤，得到的样品为原水，原水浓度为 100%，加入标准稀释水配制成上述浓度稀释水，各组体积均取 50 mL 倒入 100 mL 玻璃烧杯中，每个容器随机放入 5 个大型溞，不设置平行。在 0 h、24 h、48h 时测定每个浓度组和空白对照组溶液中的溶解氧、pH 和水温并记录。记录 24 h、48h 后受抑制溞的数量。

（2）正式试验

根据预试验结果设计正式试验。试验采用半静态法，在光照培养箱中进行，光暗比为 16∶8，试验温度控制在（20±2）℃，试验期间温度变化不超过 1℃。试验用水为标准稀释水，正式试验共设置 6 个试验组及 1 个空白对照组，试验浓度分别为 10%、4.55%、2.07%、0.94%、0.43%、0.19%。以标准稀释水作为空白对照组。原水浓度为 100%，使用 200 mL 容量瓶配制溶液，取 50 mL 倒入 100 mL 玻璃烧杯中，每个容器随机放入 5 个大型溞，设置 3 个平行。试验负荷为 10 mL/ 只。在 0 h、24 h、48 h 时测定浓度组和空白对照组溶液中的溶解氧、pH 和水温并记录。记录 24 h、48 h 后受抑制大型溞的数量。

5.1.1.6　试验结果

预试验结果显示：在当前试验条件下，受试物对大型溞活动抑制的 24 h

EC_{50} 和 48 h EC_{50} 的浓度在 0.2%～10%，同时部分浓度组在 24 h 及 48 h 的溶解氧小于 2 mg/L，且溶液上层附有油膜，故正式试验采用半静态法，每隔 12 h 对溶液进行更换，正式试验设有 3 个平行。浓度组和空白对照组的受试生物受抑制情况和水质参数见表 5-1 和表 5-2。

表 5-1　预试验中大型溞活动抑制效应

浓度	溞数目/只	24 h		48 h	
		抑制数/个	抑制率/%	抑制数/个	抑制率/%
空白溶液	5	0	0	0	0
10%	5	5	100	5	100
2%	5	3	60	4	80
1%	5	3	60	3	60
0.2%	5	0	0	0	0
0.1%	5	0	0	0	0

表 5-2　预试验中水质参数情况

浓度	0 h			48 h		
	DO/（mg/L）	pH	温度/℃	DO/（mg/L）	pH	温度/℃
空白溶液	8.20	7.27	19.9	8.16	7.48	20.4
10%	0.68	5.87	20.0	0.22	5.78	20.5
2%	0.99	6.45	20.2	0.89	6.85	20.3
1%	1.25	6.99	20.1	1.08	7.24	20.3
0.2%	4.28	7.21	20.2	2.83	7.38	20.4
0.1%	5.01	7.26	20.2	3.57	7.63	20.3

正式试验结果显示：在当前试验条件下，48 h 受试物对大型溞全部抑制的最小浓度为 4.55%，无抑制的浓度为 0.19%。浓度组和空白对照组的受试生物受抑制情况和水质参数见表 5-3、表 5-4。

表 5-3　正式试验中大型溞活动抑制效应

浓度	溞数目 / 只	24 h		48 h	
		抑制数 / 个	抑制率 /%	抑制数 / 个	抑制率 /%
对照	15	0	0	0	0
10%	15	15	100	15	100
4.55%	15	15	100	15	100
2.07%	15	10	66.7	13	86.7
0.94%	15	5	33.3	7	46.7
0.43%	15	2	13.3	2	13.3
0.19%	15	0	0	0	0

表 5-4　正式试验中水质参数情况

浓度	0 h			24 h			48 h		
	DO/ (mg/L)	pH	温度 / ℃	DO/ (mg/L)	pH	温度 / ℃	DO/ (mg/L)	pH	温度 / ℃
空白溶液	8.18	7.21	20.5	9.15	7.43	19.8	8.60	7.48	20.5
10%	8.24	5.85	20.2	8.96	5.90	19.7	—	—	—
4.55%	8.28	6.08	20.2	9.13	6.36	19.4	—	—	—
2.07%	8.32	6.45	20.3	9.40	7.27	19.6	8.81	7.11	20.3
0.94%	8.33	6.94	20.3	9.38	7.62	19.6	8.98	7.29	20.2
0.43%	8.58	7.23	20.2	9.42	7.67	19.6	8.45	7.22	20.3
0.19%	8.93	7.22	20.4	9.15	7.59	19.5	7.79	6.97	20.2

5.1.1.7　试验结论

使用 IBM SPSS Statistics 23 软件分析试验结果。计算 48 h EC_{50} 及其 95% 的置信区间。样品对大型溞的 48 h EC_{50} 为 1.4%，95% 置信区间为 1.1%～1.9%。

5.1.1.8　试验有效性

（1）试验结束时，试验溶液中的溶解氧均高于空气饱和值的 60%；

（2）试验期间溶液温度为 18～22℃，且变化小于 1℃；

（3）试验结束时，对照组中受抑制溞数为 0，少于 10%；

（4）试验负荷大于 2 mL/ 只溞。

试验结果符合以上有效性原则，表明本试验有效。

图 5-1　大型溞养殖

5.1.2　发光细菌急性毒性测试

5.1.2.1　受试物信息

客户编号：A 料；

保存条件：冷冻保存。

5.1.2.2　受试生物

名称：明亮发光杆菌 T_3 小种；

来源：中科院南京土壤研究所。

5.1.2.3　检测标准

《水质　急性毒性的测定　发光细菌法》（GB/T 15441—1995）。

5.1.2.4　试验设计与操作过程

取样品上清液，离心后经 0.45 μm 滤膜过滤，得到的样品为原液。

原样品浓度为 100%，用 3 g/100 mL NaCl 溶液将样品浓度稀释为 50%、16.7%、5.56%、1.85%、0.62%。用移液枪向测试管中加入 2 mL 样品、空白

（3 g/100 mL NaCl）溶液，每个浓度设 3 个平行，在发光菌液复苏稳定后，准确吸取 10 μL 复苏菌液，按顺序加入各管，每管加菌液间隔时间为 30 s。每管加入菌液时开始精确计时，记录到秒，反应一定的时间后，读取发光量。

由于 50%、16.7% 浓度的样品带有颜色，故进行颜色校正，最终结果使用的是颜色校正后的数据。

使用氯化汞作为参比。

5.1.2.5　试验结果

氯化汞与相对发光度的一元一次线性回归方程为

$$T=108.36-529.61\ CHgCl_2$$

$$r=0.972\ 6$$

$$P\leqslant0.01$$

$$EC_{50}\ HgCl_2=0.11$$

样品浓度与其相对发光度的回归方程为

$$L=66.757e^{-16.35}$$

$$r=0.995\ 1$$

$$EC_{50}=1.77\%$$

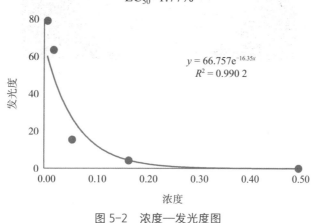

图 5-2　浓度—发光度图

5.1.2.6　试验结论

发光细菌急性毒性试验检测结果表明，抗生素 A 样的 EC_{50} 为 1.77%（原水样浓度为 100%）。

5.1.3 藻类生长抑制测试

按照《化学品 藻类生长抑制试验》（GB/T 21805—2008）标准要求，采用羊角月牙藻为受试生物，对抗生素 A 样品的 72 h EC_{50} 进行了研究。

用培养基将样品稀释 25 倍后，经 0.45 μm 的膜过滤，得到 100% 的浸出原液。

在进行预实验时，样品均出现浑浊，图 5-3 为稀释 3 200 倍的样品，由图可以看出样品中含有不明生物及杂质，影响藻类生长。

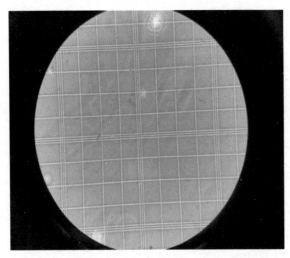

图 5-3 绿藻镜检

5.1.4 鱼类急性毒性试验

5.1.4.1 试验目的

鱼类急性毒性试验用于评价受试物对水生生物可能产生的影响，以短期暴露效应表明受试物的有害性。

5.1.4.2 检测标准

《化学品测试方法——生物系统效应卷》（第二版）。环境保护部化学品登记中心 2013 年鱼类急性毒性试验 203。

5.1.4.3 试验原理

通过鱼类半数致死浓度 LC_{50} 评估受试物的鱼类急性毒性。试验用鱼在受试物水溶液中饲养一定的时间，以 96 h 为一个试验周期，在 24 h、48 h、72 h 和 96 h 时记录试验用鱼的死亡率，确定鱼类死亡 50% 时的受试物浓度，半数致死浓度用 24 h LC_{50}、48 h LC_{50}、72 h LC_{50} 及 96 h LC_{50} 表示。

5.1.4.4 设备

哈希 HQ40d 型多参数水质分析仪。

5.1.4.5 试验时间

2020 年 11 月 27 日—12 月 11 日。

5.1.4.6 受试生物

（1）批号

斑马鱼，批号：2020-03-17-Y-1-A-340。

（2）驯养

正式试验用鱼共驯养 14 d，累计死亡率为 0。驯养期间每天喂食，试验开始前 48 h 停止喂食（图 5-4）。

图 5-4 斑马鱼驯养照片

5.1.4.7 试验设计与操作过程

（1）预试验

试验采用静态法，照明方式为自然光照射，不另外增加光源，试验温度控制在（22±1）℃。试验用水使用曝气自来水，其电导率为 228 μS/cm，硬度为 95 mg/L，溶解氧为 8.85 mg/L，pH 为 7.86。共设置 5 个试验组及 1 个空白对照组，试验浓度分别为 0.1%、0.5%、1%、5% 和 10%，以曝气自来水作为空白对照组。原水浓度为 100%，加入曝气自来水配制成上述浓度，各组体积均为 1 000 mL，然后倒入 2 000 mL 玻璃烧杯中，每个容器随机放入 5 尾鱼，不设置平行。在 0 h、24 h、48 h、72 h 和 96 h 时测定每个浓度组和空白对照组溶液中的溶解氧、pH 和水温并记录。记录 24 h、48 h、72 h 及 96 h 后死亡鱼的数量（图 5-5）。

图 5-5 鱼类急性毒性预试验

（2）正式试验

根据预试验结果设计正式试验。试验采用静态法，照明方式为自然光照射，不另外增加光源，试验温度控制在（22±1）℃。试验用水使用曝气自来水，其电导率为 215 μS/cm，硬度为 92 mg/L，溶解氧为 8.96 mg/L，pH 为 7.89。共设置 7 个试验组及 1 个空白对照组，试验浓度分别为 1.2%、1.7%、2.4%、3.4%、4.9%、7% 和 10%，以曝气自来水作为空白对照组。原水浓度为 100%，加入曝气自来水配制成上述浓度，使用 2 000 mL 容量瓶配制溶液，取 1 500 mL 倒入 2 000 mL 玻璃烧杯中，每个容器随机放入 7 尾鱼，不设置平行。斑马鱼的平均体重为 0.12 g，平均体长为 27.94 mm，试验负荷为 0.56 g/L。在 0 h、24 h、48 h、72 h 和 96 h 时测定每个浓度组和空白对照组溶液中的溶解氧、pH 和水温并记录。记录 24 h、48 h、72 h 及 96 h 后死亡鱼的数量（图 5-6）。

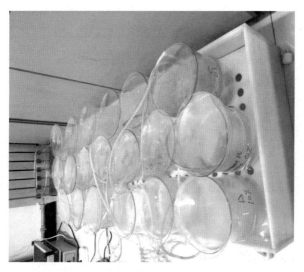

图 5-6　鱼类急性毒性正式试验

5.1.4.8　试验结果

预试验结果显示：96 h 内受试生物全部死亡的浓度为 10%，受试生物全部存活的最大浓度为 1%。试验期间水质参数满足标准要求。

正式试验结果显示：96 h 内受试生物全部死亡的最小浓度为 2.4%，受试生物全部存活的最大浓度为 1.2%。各浓度组和空白对照组的受试生物死亡情况和水质参数见表 5-5。

5.1.4.9　数据处理

使用 IBM SPSS Statistics 23 软件分析试验结果。计算 96 h LC_{50} 及其 95% 的置信区间。

表 5-5　斑马鱼暴露于受试物中 96 h 内的观察记录表（正式试验）

时间	项目	空白	浓度组 /%						
			1.2	1.7	2.4	3.4	4.9	7	10
0 h	水温 /℃	21.9	21.8	21.8	21.8	21.8	21.8	21.8	21.7
	pH	7.77	7.78	7.78	7.76	7.72	7.35	7.25	6.42
	DO/%	97.3	98.8	99.3	99.3	99.0	68.0	81.5	98.4
24 h	水温 /℃	22.1	22.1	22.1	22.1	22.1	22.1	22.2	22.1
	pH	7.86	7.85	7.87	7.77	7.93	8.16	7.61	7.44
	DO/%	99.4	93.5	90.3	82.6	86.1	90.6	92.2	91.4
	累积死亡数 / 条	0	0	0	7	7	7	7	7
48 h	水温 /℃	22.3	22.2	22.0	—	—	—	—	—
	pH	7.84	8.02	8.39	—	—	—	—	—
	DO/%	98.8	96.5	95.8	—	—	—	—	—
	累积死亡数 / 条	0	0	0	—	—	—	—	—
72 h	水温 /℃	22.5	22.4	22.4	—	—	—	—	—
	pH	7.85	7.96	8.10	—	—	—	—	—
	DO/%	99.1	97.7	95.6	—	—	—	—	—
	累积死亡数 / 条	0	0	1	—	—	—	—	—
96 h	水温 /℃	22.1	22.1	22.0	—	—	—	—	—
	pH	8.01	8.06	8.19	—	—	—	—	—
	DO/%	99.8	98.4	97.1	—	—	—	—	—
	累积死亡数 / 条	0	0	1	—	—	—	—	—

5.1.4.10　试验结论

样品对斑马鱼的 96 h LC$_{50}$ 为 1.99%，95% 置信区间为 1.63%～2.54%。

5.1.4.11　试验有效性

（1）驯养期间斑马鱼死亡率为 0；

（2）试验温度为 21～25℃，试验期间温度变化在 ±2℃内；

（3）试验结束时对照组的死亡率为 0，不超过 10%；

（4）受试容器中的试验负荷小于 1 g/L；

（5）试验期间，试验溶液的溶解氧浓度大于 60% 的空气饱和值。

试验结果符合以上有效性原则，表明本试验有效。

5.1.5 抗生素菌渣蚯蚓急性毒性试验

5.1.5.1 试验目的

为评价抗生素 A 料对土壤中蚯蚓毒性的影响提供测试数据。

5.1.5.2 检测标准

《化学品测试方法——生物系统效应卷》（第二版）。环境保护部化学品登记中心 2013 年 207 蚯蚓急性毒性试验。

5.1.5.3 试验原理

在规定条件下，将蚯蚓置于含有不同浓度样品的人工配制土壤中，在第 7 天和第 14 天时，观察其死亡率。

5.1.5.4 材料 / 试剂

（1）试剂

高岭土、石英砂、碳酸钙、草炭。

（2）人工土壤

按照表 5-6 所显示的比例配制人工土壤。

表 5-6 组分与比例

组分	比例 /%
草炭（pH 5.50，无明显植物残体，水分含量 3%）	10
高岭土	20
石英砂（50～200 μm）	68
碳酸钙	2

充分混合各组分，取少量人工土壤进行水分测定。添加去离子水使其在最终添加样品后土壤含水率达到33%～37%，混合均匀。

5.1.5.5　设备

人工气候箱、哈希HQ40d型多参数水质分析仪、数字照度计、恒温干燥箱、百分之一天平、万分之一天平。

5.1.5.6　试验时间

2020年10月9日—11月6日。

5.1.5.7　受试生物

（1）批号

赤子爱胜蚓（*Eisenia fetida*）：批号2020-04-D 1-A-1390。

（2）预养

试验前蚯蚓在（20±2）℃的无污染草炭中饲养，所用蚯蚓为同一批具有环带的成熟个体，体重300～600 mg。

（3）驯养

试验前，蚯蚓在试验温度、pH和湿度的人工土壤中驯养24 h。受试蚯蚓驯养期间在人工土壤中能全部健康存活，符合试验要求。

5.1.5.8　试验条件

温度：（20±2）℃；

湿度：78%～82%；

照度：400～800 lx；

土壤含水率：35% 左右。

5.1.5.9　操作过程

试验容器为1 L的玻璃烧杯，在每个烧杯中加入750 g（湿重）的试验介质和10条蚯蚓。

在使用之前将清肠后的蚯蚓表面用去离子水冲洗干净并用滤纸吸去多余

的水，随机分成 10 条一组，每组称重后放在试验介质表面。用薄膜盖好烧杯并在薄膜上扎孔，置于人工气候箱中，整个试验周期为 14 d。

试验开始后第 7 天，将烧杯内的试验介质轻轻倒入结晶皿，取出蚯蚓，检验蚯蚓前尾部对机械刺激反应，记录死亡数目。蚯蚓前尾部对轻微机械刺激没有反应即以死亡计。

检验结束后，将试验介质和蚯蚓重新置于烧杯中继续试验。第 14 天时再进行相同的检查，记录死亡数目。

测定人工土壤在试验开始和结束时的湿度，以及开始时的 pH。

5.1.5.10　样品准备与试验设计

（1）预试验

试验时样品浓度设为 1 000 mg/kg、2 000 mg/kg、4 000 mg/kg、8 000 mg/kg、16 000 mg/kg。以不含测试样品的人工土壤作为空白对照，每个浓度样品放入 10 条蚯蚓，不设平行。试验结果见表 5-7。

表 5-7　预试验赤子爱胜蚓暴露于 A 料中 7 d 和 14 d 的死亡数及死亡率

	空白		样品组 /mg/kg									
			1 000		2 000		4 000		8 000		16 000	
暴露时间 /d	7	14	7	14	7	14	7	14	7	14	7	14
试验动物数 / 条	10	10	10	10	10	10	10	10	10	10	10	10
累计死亡数 / 条	0	0	0	0	0	0	0	0	0	0	0	0
死亡率 /%	0	0	0	0	0	0	0	0	0	0	0	0

（2）正式试验

根据预试验结果 A 料试验期间无死亡，因此只做限度试验，试验浓度为 15 000 mg/kg，以不含测试样品的去离子水作为空白对照，每个浓度样品放入 40 条蚯蚓，随机平均分配到 A、B、C、D 四个组中。试验结果见表 5-8。

表 5-8   正式试验赤子爱胜蚓暴露于 A 料中 7 d 和 14 d 的死亡数及死亡率

	空白		15 000 mg/kg	
暴露时间 /d	7	14	7	14
试验动物数 / 条	40	40	40	40
累计死亡数 / 条	0	0	0	0
死亡率 /%	0	0	0	0

5.1.5.11   试验有效性

试验结束时对照组的死亡率不超过 10%，试验有效。

5.1.5.12   数据处理方法

使用 IBM SPSS Statistics 23 软件求出 7 d 和 14 d 的 LC_{50} 值及其 95% 置信限。

5.1.5.13   结论

试验期间无死亡，表明 A 料在 15 000 mg/kg 试验浓度下对蚯蚓无毒性作用。

5.2   头孢菌素（B）鲜菌渣和菌渣肥生态毒理测试

5.2.1   大型溞急性毒性测试

5.2.1.1   试验目的

本试验用于评价受试物对大型溞活动可能产生的影响，以 48 h 大型溞活动受抑制程度表明受试物的急性毒性水平。

5.2.1.2   试验原理

参照《大型溞急性毒性实验方法》（GB/T 16125—2012），用大型溞作为试验生物，将大型溞置于一系列浓度的试验溶液中，计数 24 h 和 48 h 大型溞活动能力受到抑制（包括死亡）的数量，计算 48 h 半数有效浓度（48 h EC_{50}），判定试验溶液的毒性程度。

5.2.1.3 受试物信息

客户编号：B 料；

保存条件：冷冻保存。

5.2.1.4 受试生物

名称：大型溞；

来源：本实验室繁育；

批号：2020-07-28-S-1-A-400；

溞龄：6～24 h。

5.2.1.5 试验设计与操作过程

（1）预试验

试验采用静态法，在光照培养箱中进行，光暗比为 16：8，试验温度控制在（20±2）℃，试验期间温度变化不超过 1℃。试验用水为标准稀释水。共设置 5 个试验组及 1 个空白对照组，试验浓度分别为 10%、2%、1%、0.5% 和 0.2%。以标准稀释水作为空白对照组。取样品上清液，离心后经 0.45 μm 滤膜过滤，得到的样品为原水，原水浓度为 100%，加入标准稀释水配制成上述浓度，各组体积均取 50 mL 后倒入 100 mL 玻璃烧杯中，每个容器随机放入 5 只大型溞，不设置平行。在 0 h、24 h、48 h 时测定每个浓度组和空白对照组溶液中的溶解氧、pH 和水温并记录。记录 24 h、48 h 后受抑制溞的数量。

（2）正式试验

根据预试验结果设计正式试验。试验采用半静态法，在光照培养箱中进行，光暗比为 16：8，试验温度控制在（20±2）℃，试验期间温度变化不超过 1℃。试验用水为标准稀释水，正式试验共设置 5 个试验组及 1 个空白对照组，试验浓度分别为 5.56%、3.08%、1.72%、0.95%、0.56%。以标准稀释水作为空白对照组。原水浓度为 100%，使用 250 mL 容量瓶配制溶液，取 50 mL 溶液倒入 100 mL 玻璃烧杯中，每个容器随机放入 5 只大型溞，设置

3 个平行。试验负荷为 10 mL/ 只。在 0 h、24 h、48 h 时测定浓度组和空白对照组溶液中的溶解氧、pH 和水温并记录。记录 24 h、48 h 后受抑制大型溞的数量。

5.2.1.6　试验结果

预试验结果显示：在当前试验条件下，受试物对大型溞活动抑制的 24 h EC_{50} 和 48 h EC_{50} 的浓度为 0.5%～10%，同时部分浓度组在 24 h 及 48 h 的溶解氧小于 2 mg/L，且溶液上层附有油膜，故正式试验采用半静态法，每隔 12 h 对溶液进行更换，正式试验设有 3 个平行。浓度组和空白对照组的受试生物受抑制情况和水质参数见表 5-9、表 5-10。

表 5-9　预试验中大型溞活动抑制效应

浓度	溞数目/只	24 h		48 h	
		抑制数/个	抑制率/%	抑制数/个	抑制率/%
空白溶液	5	0	0	0	0
10%	5	5	100	5	100
2%	5	2	40	3	60
1%	5	1	20	1	20
0.5%	5	0	0	0	0
0.2%	5	0	0	0	0

表 5-10　预试验中水质参数情况

浓度	0 h			48 h		
	DO/（mg/L）	pH	温度/℃	DO/（mg/L）	pH	温度/℃
空白溶液	8.20	7.27	20.4	8.16	7.48	20.5
10%	2.22	3.85	20.2	0.22	5.79	20.5
2%	2.33	6.52	20.1	0.45	6.92	20.4
1%	4.56	7.09	20.3	0.88	7.24	20.3
0.5%	5.26	7.15	20.2	1.26	7.38	20.2
0.2%	6.05	7.22	20.2	4.22	7.63	21.3

图 5-7　B 料溶液表面油膜

正式试验结果显示：在当前试验条件下，48 h 受试物对大型溞活动全部抑制的浓度为 5.56%，无抑制的浓度为 0.53%。浓度组和空白对照组的受试生物受抑制情况和水质参数见表 5-11、表 5-12。

表 5-11　正式试验中大型溞活动抑制效应

浓度	溞数目 / 只	24 h		48 h	
		抑制数 / 只	抑制率 /%	抑制数 / 只	抑制率 /%
对照	15	0	0	0	0
5.56%	15	15	100	15	100
3.08%	15	13	86.7	14	93.3
1.72%	15	4	26.7	7	46.7
0.95%	15	2	13.3	3	20
0.53%	15	0	0	1	6.67

5.2.1.7　试验结论

使用 IBM SPSS Statistics 23 软件分析试验结果。计算 48 h EC_{50} 及其 95% 的置信区间。样品对大型溞的 48 h EC_{50} 为 1.80%，95% 置信区间为 1.50%～2.20%。

表 5-12　正式试验中水质参数情况

浓度	0 h			24 h			48 h		
	DO/ （mg/L）	pH	温度 / ℃	DO/ （mg/L）	pH	温度 / ℃	DO/ （mg/L）	pH	温度 / ℃
空白溶液	8.60	7.32	20.1	8.60	7.43	19.8	8.60	7.48	20.5
5.56%	8.28	4.23	20.0	8.28	6.36	19.4	—	—	—
3.08%	8.32	4.90	20.1	8.32	7.27	19.6	8.81	7.11	20.3
1.72%	8.33	6.12	20.2	8.33	7.62	19.6	8.98	7.29	20.2
0.95%	8.58	6.66	20.3	8.58	7.67	19.6	8.45	7.22	20.3
0.53%	8.93	7.05	20.4	8.93	7.59	19.5	7.79	6.97	20.2

5.2.1.8　试验有效性

（1）试验结束时，试验溶液中的溶解氧均高于空气饱和值的 60%；

（2）试验期间溶液温度为 18～22℃，且变化小于 1℃；

（3）试验结束时，对照组中受抑制溞数为 0，少于 10%；

（4）试验负荷大于 2 mL/ 只溞。

试验结果符合以上有效性原则，表明本试验有效。

5.2.2　发光细菌急性毒性测试

5.2.2.1　受试物信息

客户编号：B 料；

保存条件：冷冻保存。

5.2.2.2　受试生物

名称：明亮发光杆菌 T_3 小种；

来源：中科院南京土壤研究所。

5.2.2.3　检测标准

《水质　急性毒性的测定　发光细菌法》（GB/T 15441—1995）。

5.2.2.4　试验设计与操作过程

取样品上清液，离心后经 0.45 μm 滤膜过滤，得到的样品为原液。原样品浓度为 100%，用 3 g/100 mL NaCl 溶液将样品浓度稀释为 13.3%、4.00%、1.18%、0.52%、0.35%、0.23%、0.15%。用移液枪向测试管中加入 2 mL 样品、空白溶液（3 g/100 mL NaCl 溶液），每个浓度设 3 个平行，在发光菌液复苏稳定后，准确吸取 10 μL 复苏菌液，按顺序加入各管，每管加菌液间隔时间为 30 s。每管在加菌液时精确计时，记录到秒，反应一定的时间后，读取发光量。

由于 13.3% 浓度的样品带有颜色，故进行颜色校正，最终结果使用的是颜色校正后的数据。使用氯化汞作为参比。

5.2.2.5　试验结果

氯化汞与相对发光度的一元一次线性回归方程为

$$T=100.35-422.13\ CHgCl_2$$

$$r=0.992\ 0$$

$$P \leqslant 0.01$$

$$EC_{50}\ HgCl_2=0.12$$

样品浓度与其相对发光度的回归方程为

$$L=87.05e^{-85.36}$$

$$r=0.987\ 4$$

$$EC_{50}=0.65\%$$

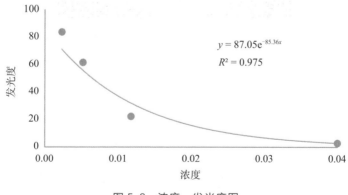

图 5-8　浓度—发光度图

5.2.2.6　试验结论

发光细菌急性毒性试验检测结果表明，抗生素 B 样的 EC_{50} 为 0.65%（原水样浓度为 100%）。

5.2.3　藻类生长抑制测试

按照《化学品　藻类生长抑制试验》（GB/T 21805—2008）标准要求，采用羊角月牙藻为受试生物，对抗生素 B 样品的 72 h EC_{50} 进行了研究。

用培养基将样品稀释 25 倍后，经 0.45 μm 的滤膜过滤，得到 100% 的浸出原液。

在进行预试验时，样品均出现浑浊，图 5-9 为稀释 25 倍的样品，由图可以看出样品中含有不明生物及杂质，影响藻类生长。

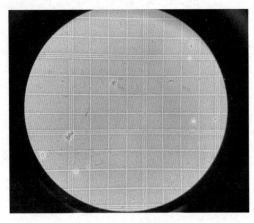

图 5-9　绿藻镜检

5.2.4　鱼类急性毒性试验

5.2.4.1　试验目的

鱼类急性毒性试验用于评价受试物对水生生物可能产生的影响，以短期暴露效应表明受试物的有害性。

5.2.4.2　检测标准

《化学品测试方法——生物系统效应卷》（第二版）。环境保护部化学品登记中心 2013 年鱼类急性毒性试验 203。

5.2.4.3　试验原理

通过鱼类半数致死浓度 LC_{50} 评估受试物的鱼类急性毒性。试验用鱼在受试物水溶液中饲养一定的时间，以 96 h 为一个试验周期，在 24 h、48 h、72 h 和 96 h 时记录试验用鱼的死亡率，确定鱼类死亡 50% 时的受试物浓度，半数致死浓度用 24 h LC_{50}、48 h LC_{50}、72 h LC_{50} 及 96 h LC_{50} 表示。

5.2.4.4　设备

采用哈希 HQ40d 型多参数水质分析仪。

5.2.4.5　试验时间

2020 年 11 月 17 日—12 月 11 日。

5.2.4.6　受试生物

（1）批号

斑马鱼，批号：2020-03-17-Y-1-A-340。

（2）驯养

正式试验用鱼共驯养 14 d，累计死亡率为 0。驯养期间每天喂食，试验开始前 48 h 停止喂食。

5.2.4.7　试验设计与操作过程

（1）预试验

试验采用静态法，照明方式为自然光照射，不另外增加光源，试验温度控制在（22 ± 1）℃。试验用水使用曝气自来水，其电导率为 228 μS/cm，硬度为 95 mg/L，溶解氧为 8.85 mg/L，pH 为 7.86。共设置 5 个试验组及 1 个空白对照组，试验浓度分别为 0.1%、0.5%、1%、5% 和 10%，以曝气自来水作为空白对照组。原水浓度为 100%，加入曝气自来水配制成上述浓度，各组体积均为 1 000 mL，然后倒入 2 000 mL 玻璃烧杯中，每个容器随机放入 5 尾鱼，不设置平行。在 0 h、24 h、48 h、72 h 和 96 h 时测定每个浓度组和空白对照组溶液中的溶解氧、pH 和水温并记录。记录 24 h、48 h、72 h 及 96 h 后死亡鱼的数量。

（2）正式试验

根据预试验结果设计正式试验。试验采用静态法，照明方式为自然光照射，不另外增加光源，试验温度控制在（22±1）℃。试验用水使用曝气自来水，其电导率为 215 μS/cm，硬度为 92 mg/L，溶解氧为 8.96 mg/L，pH 为 7.89。共设置 6 个试验组及 1 个空白对照组，试验浓度分别为 0.40%、0.66%、1.1%、1.8%、3% 和 5%，以曝气自来水作为空白对照组。原水浓度为 100%，加入曝气自来水配制成上述浓度，使用 2 000 mL 容量瓶配制溶液，取 1 500 mL 倒入 2 000 mL 玻璃烧杯中，每个容器随机放入 7 尾鱼，不设置平行。斑马鱼的平均体重为 0.12 g，平均体长为 27.94 mm，试验负荷为 0.56 g/L。在 0 h、24 h、48 h、72 h 和 96 h 时测定每个浓度组和空白对照组溶液中的溶解氧、pH 和水温并记录。记录 24 h、48 h、72 h 及 96 h 后死亡鱼的数量。

5.2.4.8 试验结果

预试验结果显示：96 h 内受试生物全部死亡的最小浓度为 5%，受试生物全部存活的最大浓度为 0.5%。试验期间水质参数满足标准要求。

正式试验结果显示：96 h 内受试生物全部死亡的最小浓度为 1.8%，受试生物全部存活的最大浓度为 0.4%。各浓度组和空白对照组的受试生物死亡情况和水质参数见表 5-13。

表 5-13　斑马鱼暴露于受试物中 96 h 内的观察记录表（正式试验）

时间	项目	空白	浓度组 /%					
			0.40	0.66	1.1	1.8	3	5
0 h	水温 /℃	21.9	21.7	21.6	21.8	21.8	21.8	21.7
	pH	7.77	7.78	7.76	7.21	7.12	7.46	7.15
	DO/%	97.3	99.3	99.3	80.1	73.9	95.1	92.5

续表

时间	项目	空白	浓度组 /%					
			0.40	0.66	1.1	1.8	3	5
24 h	水温 /℃	22.1	21.9	21.8	22.1	22.1	22.1	22.1
	pH	7.86	7.87	7.77	8.01	7.93	7.88	7.74
	DO/%	99.4	90.3	82.6	93.9	86.0	93.2	84.1
	累积死亡数 / 条	0	0	0	2	7	7	7
48 h	水温 /℃	22.3	22.1	21.9	22.0	—	—	—
	pH	7.84	7.68	7.57	7.93	—	—	—
	DO/%	98.8	95.8	96.8	96.1	—	—	—
	累积死亡数 / 条	0	0	0	3	—	—	—
72 h	水温 /℃	22.5	22.3	22.2	22.5	—	—	—
	pH	7.85	7.61	7.65	7.95	—	—	—
	DO/%	99.1	98.1	98.3	96.0	—	—	—
	累积死亡数 / 条	0	0	1	6	—	—	—
96 h	水温 /℃	22.1	22.3	22.1	22.0	—	—	—
	pH	8.01	7.64	7.66	8.07	—	—	—
	DO/%	99.8	98.5	98.3	96.7	—	—	—
	累积死亡数 / 条	0	0	1	6	—	—	—

5.2.4.9　数据处理

使用 IBM SPSS Statistics 23 软件分析试验结果，计算 96 h LC_{50} 及其 95% 的置信区间。

5.2.4.10　试验结论

样品对斑马鱼的 96 h LC_{50} 为 0.898%，95% 置信区间为 0.693% ~ 1.22%。

5.2.4.11　试验有效性

（1）驯养期间斑马鱼死亡率为 0；

（2）试验温度为 21 ~ 25℃，试验期间温度变化在 ±2℃内；

（3）试验结束时对照组的死亡率为 0，不超过 10%；

（4）受试容器中的试验负荷小于 1 g/L；

（5）试验期间，试验溶液的溶解氧浓度大于 60% 的空气饱和值。

试验结果符合以上有效性原则，表明本试验有效。

5.2.5 抗生素菌渣蚯蚓急性毒性试验

5.2.5.1 试验目的

为评价抗生素 B 料对土壤中蚯蚓毒性的影响提供测试数据。

5.2.5.2 检测标准

《化学品测试方法——生物系统效应卷》（第二版）。环境保护部化学品登记中心 2013 年 207 蚯蚓急性毒性试验。

5.2.5.3 试验原理

在规定条件下，将蚯蚓置于含有不同浓度样品的人工配制土壤中，在第 7 天和第 14 天时，观察其死亡率。

5.2.5.4 材料 / 试剂

（1）试剂

高岭土、石英砂、碳酸钙、草炭。

（2）人工土壤

按照表 5-14 比例配制人工土壤。

表 5-14　组分与比例

组分	比例 /%
草炭（pH 5.50，无明显植物残体，水分含量 3%）	10
高岭土	20
石英砂（50～200 μm）	68
碳酸钙	2

充分混合各组分，取少量人工土壤进行水分测定。添加去离子水使其在最终添加样品后土壤含水率达到 33%～37%，混合均匀。

5.2.5.5　设备

人工气候箱、哈希 HQ40d 型多参数水质分析仪、数字照度计、恒温干燥箱、百分之一天平、万分之一天平。

5.2.5.6　试验时间

2020 年 10 月 9 日—11 月 6 日。

5.2.5.7　受试生物

（1）批号

赤子爱胜蚓（*Eisenia fetida*）：批号 2020-04-D-1-A-1390。

（2）预养

试验前蚯蚓在（20±2）℃的无污染草炭中饲养，所用蚯蚓为同一批具有环带的成熟个体，体重 300～600 mg。

（3）驯养

试验前，蚯蚓在试验温度、pH 和湿度的人工土壤中驯养 24 h。受试蚯蚓驯养期间在人工土壤中能全部健康存活，符合试验要求。

5.2.5.8　试验条件

温度：（20±2）℃；

湿度：78%～82%；

照度：400～800 lx；

土壤含水率：35% 左右。

5.2.5.9　操作过程

试验容器为 1 L 的玻璃烧杯，在每个烧杯中加入 750 g（湿重）的试验介质和 10 条蚯蚓。

在使用之前将清肠后的蚯蚓表面用去离子水冲洗干净并用滤纸吸去多余

的水，随机分成 10 条一组，每组称重后放在试验介质表面。用薄膜盖好烧杯并在薄膜上扎孔，置于人工气候箱中，整个试验周期为 14 d。

试验开始后第 7 天，将烧杯内的试验介质轻轻倒入结晶皿，取出蚯蚓，检验蚯蚓前尾部对机械刺激反应，记录死亡数目。蚯蚓前尾部对轻微机械刺激没有反应即以死亡计。

检验结束后，将试验介质和蚯蚓重新置于烧杯中继续试验。第 14 天时再进行相同的检查，记录死亡数目。

测定人工土壤在试验开始和结束时的湿度，以及开始时的 pH。

5.2.5.10　样品准备与试验设计

（1）预试验

试验时样品浓度设为 1 000 mg/kg、2 000 mg/kg、4 000 mg/kg、8 000 mg/kg、16 000 mg/kg。以不含测试样品的人工土壤作为空白对照，每个浓度样品放入 10 条蚯蚓，不设平行。试验结果见表 5-15。

表 5-15　预试验赤子爱胜蚓暴露于 B 料中 7 天和 14 天的死亡数及死亡率

	空白		样品组 /（mg/kg）								
			1 000		2 000		4 000		8 000		16 000	
暴露时间 /d	7	14	7	14	7	14	7	14	7	14	7	14
试验动物数 / 条	10	10	10	10	10	10	10	10	10	10	10	10
累计死亡数 / 条	0	0	0	0	0	0	1	1	1	10	2	10
死亡率 /%	0	0	0	0	0	0	10	10	10	10	20	100

（2）正式试验

根据 B 料预试验结果，试验时样品浓度设为 1 992 mg/kg、2 789 mg/kg、3 905 mg/kg、5 466 mg/kg、7 653 mg/kg、10 714 mg/kg、15 000 mg/kg。以不含测试样品的去离子水作为空白对照，每个浓度样品放入 40 条蚯蚓，随机平均分配到 A、B、C、D 四个组中。实验结果见表 5-16。

5.2.5.11　试验有效性

试验结束时对照组的死亡率不超过 10%，试验有效。

表 5-16　正式试验赤子爱胜蚓暴露于 B 料中 7 天和 14 天的死亡数及死亡率

	空白溶液		样品组 /（mg/kg）												
			1 992		2 789		3 905		5 466		7 653		10 714		15 000	
暴露时间 /d	7	14	7	14	7	14	7	14	7	14	7	14	7	14	7	14
试验动物数 / 条	40	40	40	40	40	40	40	40	40	40	40	40	40	40	40	40
累计死亡数 / 条	0	0	0	0	0	0	2	8	4	28	16	40	20	40	28	40
死亡率 /%	0	0	0	0	0	0	5	20	10	70	40	100	50	100	70	100

5.2.5.12　数据处理方法

使用 IBM SPSS Statistics 23 软件求出 7 d 和 14 d 的 LC_{50} 值及其 95% 置信限。

5.2.5.13　结论

B 料对赤子爱胜蚓 7 d 和 14 d 的 LC_{50} 和 95% 置信区间分别为 11 177 mg/kg（9 545～13 665 mg/kg）和 4 882 mg/kg（4 602～5 202 mg/kg）。

5.3　青霉素（C）鲜菌渣和菌渣肥生态毒理测试

5.3.1　大型溞急性毒性测试

5.3.1.1　试验目的

本试验用于评价受试物对大型溞活动可能产生的影响，以 48 h 大型溞活动受抑制程度表明受试物的急性毒性水平。

5.3.1.2　试验原理

参照《大型溞急性毒性实验方法》（GB/T 16125—2012），以大型溞作为试验生物，将大型溞置于一系列浓度的试验溶液中，计数 24 h 和 48 h 大型溞活动能力受到抑制（包括死亡）的数量，计算 48 h 半数有效浓度（48 h EC_{50}），判定试验溶液的毒性程度。

5.3.1.3　受试物信息

客户编号：C 料；

保存条件：冷冻保存。

5.3.1.4　受试生物

名称：大型溞；

来源：实验室繁育；

批号：2020-07-28-S-1-A-400；

溞龄：6～24 h。

5.3.1.5　试验设计与操作过程

（1）预试验

试验采用静态法，在光照培养箱中进行，光暗比为 16∶8，试验温度控制在（20±2）℃，试验期间温度变化不超过 1℃。试验用水为标准稀释水。共设置 5 个试验组及 1 个空白对照组，试验浓度分别为 10%、2%、1%、0.2% 和 0.1%，以标准稀释水作为空白对照组。取样品上清液，离心后经 0.45 μm 滤膜过滤，得到的样品为原水，原水浓度为 100%，加入标准稀释水配制成上述浓度，各组均取 50 mL 溶液倒入 100 mL 玻璃烧杯中，每个容器随机放入 5 只大型溞，不设置平行。在 0 h、24 h、48 h 时测定每个浓度组和空白对照组溶液中的溶解氧、pH 和水温并记录。记录 24 h、48 h 后受抑制溞的数量。

（2）正式试验

根据预试验结果设计正式试验。试验采用半静态法，在光照培养箱中进行，光暗比为 16∶8，试验温度控制在（20±2）℃，试验期间温度变化不超过 1℃。试验用水为标准稀释水，正式试验共设置 6 个试验组及 1 个空白对照组，试验浓度分别为 1%、0.67%、0.44%、0.30%、0.20%、0.13%。以标准稀释水作为空白对照组。原水浓度为 100%，使用 200 mL 容量瓶配制溶液，取 50 mL 溶液倒入 100 mL 玻璃烧杯中，每个容器随机放入 5 只大型溞，设置

3 个平行。试验负荷为 10 mL/ 只。在 0 h、24 h、48 h 时测定浓度组和空白对照组溶液中的溶解氧、pH 和水温并记录。记录 24 h、48 h 后受抑制大型溞的数量。

5.3.1.6　试验结果

预试验结果显示：在当前试验条件下，受试物对大型溞活动抑制的 24 h EC_{50} 和 48 h EC_{50} 的浓度为 0.1%～1%，同时部分浓度组在 24 h 及 48 h 的溶解氧小于 2 mg/L，且溶液上层附有油膜，故正式试验采用半静态法，每隔 12 h 对溶液进行更换，正式试验设有 3 个平行。浓度组和空白对照组的受试生物受抑制情况和水质参数见表 5-17、表 5-18。

表 5-17　预试验中大型溞活动抑制效应

浓度	溞数目 / 只	24 h		48 h	
		抑制数 / 只	抑制率 /%	抑制数 / 只	抑制率 /%
空白溶液	5	0	0	0	0
10%	5	5	100	5	100
2%	5	5	100	5	100
1%	5	5	100	5	100
0.2%	5	2	40	2	40
0.1%	5	0	0	0	0

表 5-18　预试验中水质参数情况

浓度	0 h			48 h		
	DO/（mg/L）	pH	温度 /℃	DO/（mg/L）	pH	温度 /℃
空白溶液	8.20	7.27	20.2	8.16	7.48	20.0
10%	2.69	4.42	20.2	0.08	4.57	19.9
2%	3.55	4.97	20.0	0.11	5.06	20.1
1%	3.62	5.84	20.2	0.84	5.98	20.0
0.2%	3.45	7.21	20.3	0.92	7.26	20.2
0.1%	3.51	7.26	20.3	1.23	7.38	21.3

正式试验结果显示：在当前试验条件下，48 h 受试物对大型溞活动全部抑制的最小浓度为 0.67%，无抑制的浓度为 0.13%。浓度组和空白对照组的受试生物受抑制情况和水质参数见表 5-19、表 5-20。

表 5-19　正式试验中大型溞活动抑制效应

浓度	溞数目/只	24 h		48 h	
		抑制数/只	抑制率/%	抑制数/只	抑制率/%
对照	15	0	0	0	0
1%	15	15	100	15	100
0.67%	15	15	100	15	100
0.44%	15	11	73.3	13	86.7
0.30%	15	9	60.0	10	66.7
0.20%	15	2	13.3	4	26.7
0.13%	15	0	0	1	6.7

表 5-20　正式试验中水质参数情况

浓度	0 h			24 h			48 h		
	DO/(mg/L)	pH	温度/℃	DO/(mg/L)	pH	温度/℃	DO/(mg/L)	pH	温度/℃
空白溶液	8.18	7.21	20.5	9.15	7.43	19.8	8.60	7.48	20.5
1%	8.92	5.84	20.0				—	—	—
0.67%	8.92	6.25	20.0				—	—	—
0.44%	8.92	6.49	20.1	8.85	6.55	19.9	8.52	6.91	20.0
0.30%	8.97	6.74	20.0	8.84	6.87	19.8	8.64	7.45	20.2
0.20%	8.98	6.90	20.2	8.62	7.12	20.0	8.85	7.42	20.1
0.13%	9.08	6.92	20.3	8.89	7.21	20.0	8.66	7.27	20.3

5.3.1.7　试验结论

使用 IBM SPSS Statistics 23 软件分析试验结果。计算 48 h EC_{50} 及其 95% 的置信区间。样品对大型溞的 48 h EC_{50} 为 0.2%，95% 置信区间为 0.2%～0.3%。

5.3.1.8　试验有效性

（1）试验结束时，试验溶液中的溶解氧浓度均高于空气饱和值的 60%；

（2）试验期间溶液温度为 18～22℃，且变化小于 1℃；

（3）试验结束时，对照组中受抑制溞数为 0，少于 10%；

（4）试验负荷大于 2 mL/ 只溞。

试验结果符合以上有效性原则，表明本试验有效。

5.3.2　发光细菌急性毒性测试

5.3.2.1　受试物信息

客户编号：C 料；

保存条件：冷冻保存。

5.3.2.2　受试生物

名称：明亮发光杆菌 T_3 小种；

来源：中科院南京土壤研究所。

5.3.2.3　检测标准

《水质　急性毒性的测定　发光细菌法》（GB/T 15441—1995）。

5.3.2.4　试验设计与操作过程

取样品上清液，离心后经 0.45 μm 滤膜过滤，得到的样品为原液。

原样品浓度为 100%，用 3 g/100 mL 的 NaCl 溶液将样品浓度稀释为 10%、3.33%、1.11%、0.37% 和 0.12%。用移液枪向测试管中加入 2 mL 样品、空白（3 g/100 mL NaCl）溶液，每个浓度设 3 个平行，在发光菌液复苏稳定后，准确吸取 10 μL 复苏菌液，按顺序加入各管，每管加菌液间隔时间为 30 s。每管在加菌液时精确计时，记录到秒，反应一定的时间后，读取发光量。

　　由于 10%、3.33% 浓度的样品带有颜色，故进行颜色校正，最终结果使用的是颜色校正后的数据。使用氯化汞作为参比。

5.3.2.5　试验结果

氯化汞与相对发光度的一元一次线性回归方程为

$$T = 108.36 - 529.61\ CHgCl_2$$

$$r = 0.972\ 6$$

$$P \leqslant 0.01$$

$$EC_{50}\ HgCl_2 = 0.11$$

样品浓度与其相对发光度的回归方程为

$$L = 88.602e^{-119.7}$$

$$r = 0.997\ 8$$

$$EC_{50} = 0.48\%$$

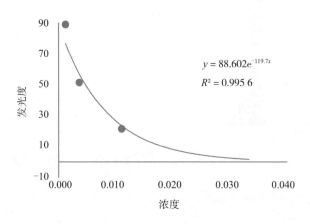

图 5-10　浓度—发光度图

5.3.2.6　试验结论

发光细菌急性毒性试验检测结果表明，抗生素 C 样的 EC_{50} 为 0.48%（原水样浓度为 100%）。

5.3.3　藻类生长抑制测试

按照《化学品　藻类生长抑制试验》（GB/T 21805—2008）要求，采用羊角月牙藻为受试生物，对抗生素 C 样品的 72 h EC_{50} 进行了研究。

用培养基将样品稀释 50 倍后，经 0.45 μm 的滤膜过滤，得到 100% 的浸出原液。

在进行预实验时，样品均出现浑浊，图 5-11 为稀释 50 倍的样品，由图可以看出样品中含有不明生物及杂质，影响藻类生长。

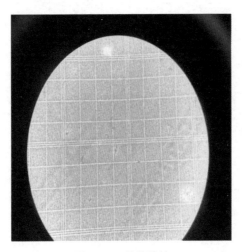

图 5-11　绿藻镜检

5.3.4　鱼类急性毒性试验

5.3.4.1　试验目的

鱼类急性毒性试验用于评价受试物对水生生物可能产生的影响，以短期暴露效应表明受试物的有害性。

5.3.4.2　检测标准

《化学品测试方法——生物系统效应卷》（第二版）。环境保护部化学品登记中心 2013 年鱼类急性毒性试验 203。

5.3.4.3 试验原理

通过鱼类半数致死浓度 LC_{50} 评估受试物的鱼类急性毒性。试验用鱼在受试物水溶液中饲养一定的时间，以 96 h 为一个试验周期，在 24 h、48 h、72 h 和 96 h 时记录试验用鱼的死亡率，确定鱼类死亡 50% 时的受试物浓度，半数致死浓度用 24 h LC_{50}、48 h LC_{50}、72 h LC_{50} 及 96 h LC_{50} 表示。

5.3.4.4 设备

哈希 HQ40d 型多参数水质分析仪。

5.3.4.5 试验时间

2020 年 11 月 17 日—12 月 11 日。

5.3.4.6 受试生物

（1）批号

斑马鱼，批号：2020-03-17-Y-1-A-340。

（2）驯养

正式试验用鱼共驯养 14 d，累计死亡率为 0。驯养期间每天喂食，试验开始前 48 h 停止喂食。

5.3.4.7 试验设计与操作过程

（1）预试验

试验采用静态法，照明方式为自然光照射，不另外增加光源，试验温度控制在（22 ± 1）℃。试验用水使用曝气自来水，其电导率为 228 μS/cm，硬度为 95 mg/L，溶解氧浓度为 8.85 mg/L，pH 为 7.86。共设置 5 个试验组及 1 个空白对照组，试验浓度分别为 0.1%、0.5%、1%、5% 和 10%，以曝气自来水作为空白对照组。原水浓度为 100%，加入曝气自来水配制成上述浓度，各组体积均为 1 000 mL，然后倒入 2 000 mL 玻璃烧杯中，每个容器随机放入 5 尾鱼，不设置平行。在 0 h、24 h、48 h、72 h 和 96 h 时测定每个浓度组和空白对照组溶液中的溶解氧、pH 和水温并记录。记录 24 h、48 h、72 h 及 96 h 后死亡鱼的数量。

（2）正式试验

根据预试验结果设计正式试验。试验采用静态法，照明方式为自然光照射，不另外增加光源，试验温度控制在（22 ± 1）℃。试验用水使用曝气自来水，其电导率为 215 μS/cm，硬度为 92 mg/L，溶解氧为 8.96 mg/L，pH 为 7.89。共设置 6 个试验组及 1 个空白对照组，试验浓度分别为 0.12%、0.16%、0.21%、0.28%、0.38% 和 0.50%，以曝气自来水作为空白对照组。原水浓度为 100%，加入曝气自来水配制成上述浓度，使用 2 000 mL 容量瓶配制溶液，取 1 500 mL 倒入 2 000 mL 玻璃烧杯中，每个容器随机放入 7 尾鱼，不设置平行。斑马鱼的平均体重为 0.12 g，平均体长为 27.94 mm，试验负荷为 0.56 g/L。在 0 h、24 h、48 h、72 h 和 96 h 时测定每个浓度组和空白对照组溶液中的溶解氧、pH 和水温并记录。记录 24 h、48 h、72 h 及 96 h 后死亡鱼的数量。

5.3.4.8　试验结果

预试验结果显示：96 h 内受试生物全部死亡的最小浓度为 0.5%，受试生物全部存活的最大浓度为 0.1%。试验期间水质参数满足标准要求。

正式试验结果显示：96 h 内受试生物全部死亡的最小浓度为 0.28%，受试生物全部存活的最大浓度为 0.16%。各浓度组和空白对照组的受试生物死亡情况和水质参数见表 5-21。

表 5-21　斑马鱼暴露于受试物中 96 h 内的观察记录表（正式试验）

时间	项目	空白	浓度组 /%					
			0.12	0.16	0.21	0.28	0.38	0.5
0 h	水温 /℃	21.9	21.9	21.8	21.8	21.8	21.8	21.8
	pH	7.77	8.12	7.65	7.54	7.41	7.21	7.41
	DO/%	97.3	98.9	98.8	98.7	95.3	79.7	80.5
24 h	水温 /℃	22.1	22.0	22.0	22.0	22.1	22.1	22.1
	pH	7.86	7.87	7.86	7.98	7.90	7.87	8.21
	DO/%	99.4	95.6	94.1	93.5	90.9	92.8	94.3
	累积死亡数 / 条	0	0	1	1	7	7	7

续表

时间	项目	空白	浓度组 /%					
			0.12	0.16	0.21	0.28	0.38	0.5
48 h	水温 /℃	22.3	22.1	22.1	22.1	—	—	—
	pH	7.84	7.71	7.70	7.75	—	—	—
	DO/%	98.8	95.3	93.4	88.4	—	—	—
	累积死亡数 / 条	0	0	1	1	—	—	—
72 h	水温 /℃	22.5	22.6	22.5	22.5	—	—	—
	pH	7.85	7.88	7.93	8.01	—	—	—
	DO/%	99.1	96.8	95.7	94.7	—	—	—
	累积死亡数 / 条	0	0	0	2	—	—	—
96 h	水温 /℃	22.1	22.0	22.2	22.0	—	—	—
	pH	8.01	7.93	7.49	8.07	—	—	—
	DO/%	99.8	96.4	97.0	93.6	—	—	—
	累积死亡数 / 条	0	0	0	2	—	—	—

5.3.4.9　数据处理

使用 IBM SPSS Statistics 23 软件分析试验结果。计算 96 h LC_{50} 及其 95% 的置信区间。

5.3.4.10　试验结论

样品对斑马鱼的 96 h LC_{50} 为 0.227%，95% 置信区间为 0.196% ～ 0.272%。

5.3.4.11　试验有效性

（1）驯养期间斑马鱼死亡率为 0；

（2）试验温度为 21 ～ 25℃，试验期间温度变化在 ±2℃内；

（3）试验结束时对照组的死亡率为 0，不超过 10%；

（4）受试容器中的试验负荷小于 1 g/L；

（5）试验期间，试验溶液的溶解氧浓度大于 60% 的空气饱和值。

试验结果符合以上有效性原则，表明本试验有效。

5.3.5 蚯蚓急性毒性试验

5.3.5.1 试验目的

为评价抗生素 C 料对土壤中蚯蚓毒性的影响提供测试数据。

5.3.5.2 检测标准

《化学品测试方法——生物系统效应卷》（第二版）。环境保护部化学品登记中心 2013 年 207 蚯蚓急性毒性试验。

5.3.5.3 试验原理

在规定条件下，将蚯蚓置于含有不同浓度样品的人工配制土壤中，在第 7 天和第 14 天时，观察其死亡率。

5.3.5.4 材料 / 试剂

（1）试剂

高岭土、石英砂、碳酸钙、草炭。

（2）人工土壤

按照表 5-22 比例配制人工土壤。

表 5-22　组分与比例

组分	比例 /%
草炭（pH 5.50，无明显植物残体，水分含量 3%）	10
高岭土	20
石英砂（50～200 μm）	68
碳酸钙	2

充分混合各组分，取少量人工土壤进行水分测定。添加去离子水使其在最终添加样品后土壤含水率达到 33%～37%，混合均匀。

5.3.5.5　设备

人工气候箱、哈希 HQ40d 型多参数水质分析仪、数字照度计、恒温干燥箱、百分之一天平、万分之一天平。

5.3.5.6　试验时间

2020 年 10 月 9 日—11 月 6 日。

5.3.5.7　受试生物

（1）批号

赤子爱胜蚓（*Eisenia fetida*）：批号 2020-04-D-1-A-1390。

（2）预养

试验前蚯蚓在（20±2）℃的无污染草炭中饲养，所用蚯蚓为同一批具有环带的成熟个体，体重 300～600 mg。

（3）驯养

试验前，蚯蚓在试验温度、pH 和湿度的人工土壤中驯养 24 h。受试蚯蚓驯养期间在人工土壤中能全部健康存活，符合试验要求。

5.3.5.8　试验条件

温度：（20±2）℃；

湿度：78%～82%；

照度：400～800 lx；

土壤含水率：35% 左右。

5.3.5.9　操作过程

试验容器为 1 L 的玻璃烧杯，在每个烧杯中加入 750 g（湿重）的试验介质和 10 条蚯蚓。

在使用之前将清肠后的蚯蚓表面用去离子水冲洗干净并用滤纸吸去多余的水，随机将 10 条分成一组，每组称重后放在试验介质表面。用薄膜盖好烧杯并在薄膜上扎孔，置于人工气候箱中，整个试验周期为 14 d。

试验开始后第 7 天，将烧杯内的试验介质轻轻倒入结晶皿，取出蚯蚓，检验蚯蚓前尾部对机械刺激反应，记录死亡数目。蚯蚓前尾部对轻微机械刺激没有反应即以死亡计。

检验结束后，将试验介质和蚯蚓重新置于烧杯中继续试验。第 14 天时再进行相同的检查，记录死亡数目。

测定人工土壤在试验开始和结束时的湿度，以及开始时的 pH。

5.3.5.10　样品准备与试验设计

（1）预试验

试验时样品浓度设为 1 000 mg/kg、2 000 mg/kg、4 000 mg/kg、8 000 mg/kg、16 000 mg/kg。以不含测试样品的去离子水作为空白对照，每个样品浓度放入 10 条蚯蚓，不设平行。实验结果见表 5-23。

表 5-23　预试验赤子爱胜蚓暴露于 C 料中 7 d 和 14 d 的死亡数及死亡率

	空白溶液		样品组 /（mg/kg）									
			1 000		2 000		4 000		8 000		16 000	
暴露时间 /d	7	14	7	14	7	14	7	14	7	14	7	14
试验动物数 / 条	10	10	10	10	10	10	10	10	10	10	10	10
累计死亡数 / 条	0	0	0	0	0	0	3	1	1	10	10	10
死亡率 /%	0	0	0	0	0	0	0	0	0	0	0	0

（2）正式试验

根据 C 料预试验结果，试验时样品浓度设为 1 992 mg/kg、2 789 mg/kg、3 905 mg/kg、5 466 mg/kg、7 653 mg/kg、10 714 mg/kg、15 000 mg/kg。以不含测试样品的去离子水作为空白对照，每个浓度样品放入 40 条蚯蚓，随机平均分配到 A、B、C、D 四个组中。实验结果见表 5-24。

5.3.5.11　试验有效性

试验结束时对照组的死亡率不超过 10%，试验有效。

表 5-24　正式试验赤子爱胜蚓暴露于 C 料中 7 天和 14 天的死亡数及死亡率

	空白溶液		样品组 /（mg/kg）												
			1 992		2 789		3 905		5 466		7 653		10 714		15 000	
暴露时间 /d	7	14	7	14	7	14	7	14	7	14	7	14	7	14	7	14
试验动物数 / 条	40	40	40	40	40	40	40	40	40	40	40	40	40	40	40	40
累计死亡数 / 条	0	0	0	0	0	0	0	8	0	40	10	40	30	40	36	40
死亡率 /%	0	0	0	0	0	0	0	20	0	100	25	100	75	100	90	100

5.3.5.12　数据处理方法

使用 IBM SPSS Statistics 23 软件求出 7 d 和 14 d 的 LC_{50} 值及其 95% 置信限。

5.3.5.13　结论

C 料对赤子爱胜蚓 7 d 和 14 d 的 LC_{50} 和 95% 置信区间分别为 9 960 mg/kg（8 750～11 430 mg/kg）和 4 322 mg/kg（4 108～4 594 mg/kg）。

5.4　抗生素鲜菌渣急性毒性评价

大型溞、斑马鱼和明亮发光杆菌 T_3 小种暴露于不同剂量的受试物 A 料（红霉素）、B 料（头孢菌素）、C 料（青霉素）鲜菌渣下有不同的效应，主要表现在抑制率和死亡率，具体效应浓度见表 5-25。同时依据 EC（效应浓度）和 LC（致死浓度）对受试物 A 料（红霉素）、B 料（头孢菌素）、C 料（青霉素）鲜菌渣的毒性进行评价。评价依据参考《水和废水监测分析方法（第四版）（增补版）》溞类急性活动抑制毒性分级标准和鱼类急性毒性分级标准，详见表 5-26。

表 5-25　菌渣实际样品生态毒性效应浓度

受试生物	毒性终点	样品名称		
		A 料（红霉素）	B 料（头孢菌素）	C 料（青霉素）
大型溞	抑制率 48 h EC_{50}（%）/（mg/L）	1.464 4	8.136	0.630 2
明亮发光杆菌 T_3 小种	抑制率 EC_{50}（%）/（mg/L）	1.851 42	2.938	1.512 48
斑马鱼	致死率 96 h LC_{50}（%）/（mg/L）	2.081 54	4.058 96	0.715 3
赤子爱胜蚓	致死率 7 d LC_{50}/（mg/kg）	大于 15 000	11 177	9 960
	致死率 14 d LC_{50}/（mg/kg）	大于 15 000	4 882	4 322

表 5-26　溞类 / 鱼类急性毒性分级标准

48 h EC_{50}/96 h LC_{50}/（mg/L）	<1	1～10	10～100	>100
毒性分级	极高毒	高毒	中毒	低毒

由表 5-26 可知，受试物 A 料（红霉素）和 B 料（头孢菌素）鲜菌渣毒性分级为高毒，C 料（青霉素）鲜菌渣毒性分级为极高毒。A 料（红霉素）、B 料（头孢菌素）、C 料（青霉素）鲜菌渣的水生生物毒性大小为 C 料（青霉素）＞A 料（红霉素）＞B 料（头孢菌素）。红霉素、头孢菌素和青霉素 3 种抗生素鲜菌渣经过处理后的生物毒性有明显的降低。